■ ゼロからはじめる【エクスペリア ワン マークシックス／エクスペリア テン マークシックス】

XPERIA 1 Ⅵ/10 Ⅵ

【Xperia 1 VI/ Xperia 10 VI】

共通版

スマートガイド

技術評論社編集部 著

技術評論社

CONTENTS

Chapter 1

Xperia 1 Ⅵ／10 Ⅵの基本技

Section 001	Xperia 1 Ⅵ／10 Ⅵについて	8
Section 002	各部名称を確認する	10
Section 003	電源を入れる	11
Section 004	ロック画面とスリープ状態	12
Section 005	タッチパネルの使いかた	13
Section 006	キーアイコンの基本操作	14
Section 007	ホーム画面を変更する	15
Section 008	ホーム画面の見かた	16
Section 009	ホーム画面のページを切り替える	17
Section 010	アプリを起動する	18
Section 011	アプリを切り替える	19
Section 012	アプリを終了する	20
Section 013	音量キーで音量を操作する	21
Section 014	電源をオフにする	22
Section 015	ウィジェットを利用する	23
Section 016	情報を確認する	24
Section 017	クイック設定パネルを利用する	26
Section 018	マナーモードを設定する	28
Section 019	アプリアイコンを整理する	30
Section 020	2つのアプリを分割表示する	32
Section 021	アプリをポップアップウィンドウで表示する	33
Section 022	ダークモードで表示する	34
Section 023	文字を入力する	35
Section 024	テキストをコピー&ペーストする	41
Section 025	電話をかける／受ける	42
Section 026	新規連絡先を「連絡帳」に登録する	44
Section 027	通話履歴を確認する	45
Section 028	Wi-Fiを利用する	46
Section 029	Googleアカウントを設定する	48

Chapter 2

WebとGoogleアカウントの便利技

Section 030	ChromeでWebページを表示する	52
Section 031	Chromeのタブを使いこなす	54
Section 032	Webページ内の単語をすばやく検索する	58
Section 033	Webページの画像を保存する	59
Section 034	住所などの個人情報を自動入力する	60
Section 035	パスワードマネージャーを利用する	61
Section 036	Google検索を行う	62
Section 037	クイック検索ボックスを利用する	63
Section 038	Discoverで気になるニュースを見る	64
Section 039	最近検索したWebページを確認する	65
Section 040	Googleレンズで似た製品を調べる	66
Section 041	Gooleレンズで文字を読み取る	67
Section 042	Googleアカウントの情報を確認する	68
Section 043	アクティビティを管理する	69
Section 044	プライバシー診断を行う	70
Section 045	Googleアカウントに2段階認証を設定する	72

Chapter 3

写真や動画、音楽の便利技

Section 046	「カメラ」アプリで写真を撮影する	74
Section 047	パノラマ写真を撮影する	77
Section 048	背景をぼかして撮影する	78
Section 049	テレマクロで撮影する	79
Section 050	プロモードで写真を撮影する	80
Section 051	動画を撮影する	86
Section 052	「Video Creator」でショート動画を作成する	88
Section 053	写真や動画を閲覧・編集する	90
Section 054	写真や動画を削除する	96
Section 055	削除した写真や動画を復元する	97
Section 056	写真を共有する	98
Section 057	パソコンから音楽・写真・動画を取り込む	100
Section 058	音楽を聴く	102
Section 059	ハイレゾ音源を再生する	104
Section 060	YouTubeで動画を視聴する	106

3

Chapter 4
Googleのサービスやアプリの便利技

Section 061	アプリを検索する	108
Section 062	アプリをインストール／アンインストールする	110
Section 063	有料アプリを購入する	112
Section 064	アプリのインストールや起動時の許可	114
Section 065	アプリの権限を確認する	115
Section 066	サービスから権限を確認する	116
Section 067	プライバシーダッシュボードを利用する	117
Section 068	Googleアシスタントを利用する	118
Section 069	Googleアシスタントでアプリを操作する	120
Section 070	新しいAIアシスタントに切り替える	121
Section 071	Gmailを利用する	122
Section 072	Gmailにアカウントを追加する	124
Section 073	Googleカレンダーに予定を登録する	126
Section 074	Gmailから予定を自動で取り込む	127
Section 075	マップを利用する	128
Section 076	マップで経路を調べる	130
Section 077	訪れた場所や移動した経路を確認する	132
Section 078	ウォレットにクレカを登録する	134
Section 079	ウォレットで支払う	135
Section 080	ウォレットに楽天Edyを登録する	136
Section 081	ポイントカードを管理する	137
Section 082	「Files」アプリでファイルを開く	138
Section 083	「Files」アプリからGoogleドライブにファイルを保存する	139
Section 084	Quick Shareでファイルを共有する	140
Section 085	不要なデータを削除する	142
Section 086	Googleドライブにバックアップを取る	143
Section 087	Googleドライブの利用状況を確認する	144

Chapter 5

さらに使いこなす活用技

Section **088**	おサイフケータイを設定する	146
Section **089**	スクリーンショットを撮る	148
Section **090**	QRコードを読み取る	149
Section **091**	壁紙を変更する	150
Section **092**	サイドセンスで操作を快適にする	152
Section **093**	ダッシュボードを利用する	155
Section **094**	ジェスチャーで操作する	156
Section **095**	片手で操作しやすくする	157
Section **096**	画面の明るさを変更する	158
Section **097**	ブルーライトをカットする	159
Section **098**	画面の設定を変更する	160
Section **099**	手に持っている間はスリープモードにならないようにする	162
Section **100**	画面消灯までの時間を変更する	163
Section **101**	画面ロックを設定する	164
Section **102**	指紋認証で画面ロックを解除する	166
Section **103**	信頼できる場所ではロックを解除する	168
Section **104**	データ通信量が多いアプリを探す	170
Section **105**	アプリごとに通信を制限する	171
Section **106**	通知を設定する	172
Section **107**	通知をサイレントにする	174
Section **108**	ロック画面に通知を表示しないようにする	175
Section **109**	スリープ状態で画面に表示する	176
Section **110**	アプリの利用時間を確認する	177
Section **111**	おやすみ時間モードにする	178
Section **112**	いたわり充電を設定する	179
Section **113**	おすそわけ充電を利用する	180
Section **114**	バッテリーを長持ちさせる	181
Section **115**	Bluetooth機器を利用する	182
Section **116**	Wi-Fiテザリングを利用する	183
Section **117**	紛失した本体を探す	184
Section **118**	緊急情報を登録する	187
Section **119**	本体ソフトをアップデートする	188
Section **120**	初期化する	189

索引	190

ご注意：ご購入・ご利用の前に必ずお読みください

●本書に記載した内容は、情報の提供のみを目的としています。したがって、本書を用いた運用は、必ずお客様自身の責任と判断によって行ってください。これらの情報の運用の結果について、技術評論社および著者、アプリの開発者はいかなる責任も負いません。

●本書は、ドコモ版Xperia 1 Ⅵ、au版Xperia 10 Ⅵを用いて動作確認を行っています。なお、ドコモ版については、ホーム画面を「Xperiaホーム」に設定した状態で解説しています。ホーム画面の変更については、P.15を参照してください。

●本書は、Xperia 10 Ⅵの画面で解説しています。Xperia 1 Ⅵでは、画面が若干異なる場合があります。なお、Xperia 1 Ⅵでのみ使用できる機能を解説している部分については、Xperia 1 Ⅵの画面を掲載しています。

●ソフトウェアに関する記述は、特に断りのない限り、2024年8月現在での最新バージョンをもとにしています。ソフトウェアはバージョンアップされる場合があり、本書での説明とは機能内容や画面図などが異なってしまうこともあり得ます。あらかじめご了承ください。

●インターネットの情報については、URLや画面などが変更されている可能性があります。ご注意ください。

以上の注意事項をご承諾いただいたうえで、本書をご利用願います。これらの注意事項をお読みいただかずに、お問い合わせいただいても、技術評論社は対処しかねます。あらかじめ、ご了承ください。

■本書に掲載した会社名、プログラム名、システム名などは、米国およびその他の国における登録商標または商標です。本文中では、™、®マークは明記していません。

Xperia 1 Ⅵ／10 Ⅵ の基本技

Chapter

1

Section 001

Xperia 1 Ⅵ／10 Ⅵについて

OS・Hardware

Xperia 1 Ⅵ／10 Ⅵは、ソニー製のAndroidスマートフォンです。Xperia 1 Ⅵは、高性能のカメラ性能で美しい写真や動画を撮影できたり、ワンランク上の音質で音楽を楽しめたりできるハイエンドなモデルです。Xperia 10 Ⅵは、シンプルなデザインで軽量で持ちやすく使いやすい、スタンダードなモデルです。また、どちらも大容量のバッテリーを搭載しているので、一日中安心して使うことができます。
どちらのモデルも、Android 14を搭載しており、Googleの最新機能を利用できます。

Xperia 1 ⅥとXperia 10 Ⅵの仕様（一部）

	Xperia 1 Ⅵ	Xperia 10 Ⅵ
OS	Android 14	
重量	約192g	約164g
CPU	Snapdragon8 Gen3	Snapdragon6 Gen1
RAM	12GB/16GB[※1]	6GB
ROM	256GB/512GB[※1]	128GB
ディスプレイ	約6.5インチ リフレッシュレート1～120Hz可変	約6.1インチ リフレッシュレート60Hz
メインカメラ	・16mm（超広角） 　有効画素数約1200万画素/F値2.2 ・24mm（広角） 　有効画素数約4800万画素/F値1.9 ・48mm 　有効画素数約1200万画素/F値1.9 ・85-170mm（望遠） 　有効画素数約1200万画素/F値2.3-3.5	・16mm（超広角） 　有効画素数約800万画素/F値2.2 ・26mm/52mm（広角） 　有効画素数約4800万画素/F値1.8[※2]
フロントカメラ	有効画素数約1200万画素/F値2.0	有効画素数約800万画素/F値2.0
防水	IPX5/IPX8	
防塵	IP6X	
生体認証	○（指紋）	

※1：12GB/512GB、16GB/512GBは一部モデルのみ。
※2：26mm撮影時

各通信事業者とSIMフリー版について

Xperia 1 VI／10 VIは、Android OSを搭載したスマートフォンです。ソニーの直販サイトでは、Xperia 1 VIのSIMフリー版が約19万円（税込）、Xperia 10 VIのSIMフリー版が約7万円（税込）で販売されています。価格的には、Xperia 1 VIはハイエンドクラス、Xperia 10 VIはミドルクラスの端末といえます。

Xperia 1 VI はNTTドコモ、au、SoftBank、Xperia 10 VI はNTTドコモ、au、SoftBank、UQモバイル、IIJmioなどのMVNOから販売されています。本書の解説は、主にau版のXperia 10 VIとNTTドコモ版のXperia 1 VI（ホーム画面をXperiaホームに変更した状態）を使って行っていますが、NTTドコモ版以外は、ほとんど同じように操作できます。また、NTTドコモ版については、初期状態ではホーム画面が大きく異なりますので、Sec.007を参考にホーム画面を「Xperiaホーム」に変更していただくことを前提にしています。基本的な機能や操作は共通ですが、各社独自のアプリがインストールされていたりなど、一部仕様が異なります。各社独自の仕様については、本書では紹介していないので、ご了承ください。

●au版Xperia 10 VIの画面

●ドコモ版Xperia 1 VIの画面（Xperiaホームに変更後）

Section 002

各部名称を確認する

OS・Hardware

Xperia 1 Ⅵ／10 Ⅵの各部名称を確認しましょう。ここでは、ドコモ版Xperia 1 Ⅵの記述を元にしています。Xperia 10 Ⅵでは、❸シャッターキー、❺サードマイク、❽ワイヤレス充電は搭載されていません。また、❽SIMカード／microSDカード挿入口は、左側面の❽の位置にあります。

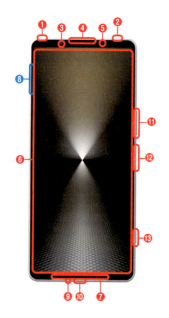
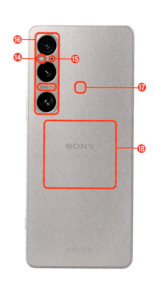

❶	ヘッドセット接続端子	❼	スピーカー	❸	シャッターキー
❷	セカンドマイク	❽	nanoSIMカード／microSDカード挿入口	⓮	フラッシュ／フォトライト
❸	フロントカメラ			⓯	サードマイク
❹	受話口／スピーカー	❾	送話口／マイク	⓰	メインカメラ
❺	近接／照度センサー	❿	USB Type-C接続端子	⓱	Nマーク
❻	ディスプレイ（タッチスクリーン）	⓫	音量キー／ズームキー	⓲	ワイヤレス充電位置
		⓬	電源キー／指紋センサー		

Section 003

電源を入れる

OS・Hardware

電源をオンにしてみましょう。購入したばかりの状態では、先に充電が必要な場合があります。なお、初めて電源をオンにした場合、初期設定画面が表示されますが、ここでは解説を省略しています。

1 電源キーを本体が振動するまで長押しします。

2 ロック画面が表示されます。画面を上方向にスワイプします。

3 ホーム画面が表示されます。

> **MEMO** アンビエント表示
> **Xperia 1 Ⅵ**
>
> Xperia 1 Ⅵには、スリープ状態の画面に日時などの情報を表示する「アンビエント表示」機能があります。ロック画面と似ていますが、スリープモードのため手順 **2** の操作を行ってもロックは解除されません。画面をダブルタップするか、電源キーを押して、ロック画面を表示してから手順 **2** の操作を行ってください。

Section 004

ロック画面とスリープ状態

OS・Hardware

画面点灯中に電源キーを押すと、画面が消灯してスリープ状態になります。スリープ状態で電源キーを押すと、画面が点灯してロック画面が表示されます。ロック画面で上方向にスワイプするか、ロックNo.や生態認証を設定している場合は解除操作を行うと、ホーム画面が表示されます。

ロック画面には、時刻、通知、「カメラ」アプリの起動ショートカットなどが表示されます。通知をロック画面に表示しないようにすることもできます。

スリープ状態では画面が消灯しています。

> **MEMO　画面が消灯するまでの時間を設定する**
>
> 端末を操作せずに指定した時間が経過すると、自動的に画面が消灯してスリープ状態に移行します。スリープになる時間は、アプリ画面で[設定]をタップして、[画面設定]→[画面消灯]の順にタップすることで、15秒～10分の時間を選択できます。

Section **005**

タッチパネルの使いかた

OS・Hardware

Xperia 1 Ⅵ／10 Ⅵのディスプレイはタッチパネルです。指でディスプレイをタッチすることで、いろいろな操作が行えます。ここでは、タッチパネルの基本操作を確認しましょう。なお、操作の名称はau版のXperia 10 Ⅵを元にしています。

タップ／ダブルタップ

画面を軽く叩くように、触れてすぐに指を離します。また、ダブルタップは素早く2回連続でタップします。

ロングタッチ

項目などに指を触れた状態を保ちます。項目によっては利用できるメニューが表示されます。

スライド／ドラッグ

画面に軽く触れたまま、目的の方向や位置へなぞります。

スワイプ（フリック）

画面を指ですばやく上下左右にはらうように操作します。

ピンチ

2本の指で画面に触れたまま指を開いたり（ピンチアウト）、閉じたり（ピンチイン）します。

> **MEMO　タッチパネルがうまく動作しない**
>
> ディスプレイに保護シールなどが貼ってあったり、水滴が付着していると、タッチパネルに指を触れても動作しない、または誤動作の原因になります。

Section **006**

キーアイコンの基本操作

OS・Hardware

画面下部にある3つのアイコンをキーアイコンといいます。キーアイコンをタップすることで、基本的にすべてのアプリで共通の操作が行えます。キーアイコンの使い方を確認しましょう。

戻る　ホーム　最近使用したアプリ

キーアイコンとその主な機能		
◀	戻る	タップすると1つ前の画面に戻ります。メニューや通知パネルを閉じることもできます。
●	ホーム	タップするとホーム画面が表示されます。ロングタッチすると、Googleアシスタントが起動します。
■	最近使用したアプリ	ホーム画面やアプリ利用中にタップすると、最近使用したアプリの一覧がサムネイルで表示されます。
◌	画面の回転	本体の向きと表示画面の向きが異なる場合に表示され、タップすると縦／横画面表示が切り替わります。

Section 007

「設定」アプリ

ホーム画面を変更する

「設定」アプリから、ホーム画面を変更することができます。使いやすいものに変更しましょう。なお、本書では、ホーム画面を「Xperiaホーム」に設定した状態で解説を行っています。ここでは、ドコモ版Xperia 1 Ⅵの画面で解説しています。

1 アプリ画面で「設定」をタップし、[アプリ] をタップします。

2 [標準のアプリ] をタップします。

3 [ホームアプリ] をタップします。

4 使用したいホーム画面（ここでは[Xperiaホーム]）をタップします。

Section 008

ホーム画面の見かた

OS・Hardware

ホーム画面は、アプリや機能などにアクセスしやすいように、ウィジェットやステータスバー、ドックなどで構成されています。まずはホーム画面の各部を確認しておきましょう。

ウィジェット
ホーム画面上に配置できる簡易的なアプリです。

ステータスバー
お知らせを表示する通知アイコンや、本体の状態を知らせるステータスアイコンなどが表示されます。

アプリアイコン
インストールされているアプリのショートカットです。タップしてアプリを起動することができます。

フォルダ
ホーム画面のアプリアイコンを、まとめたり分類できます。

ドック
すべてのホーム画面で表示されるエリアで、よく使うアプリアイコンなどを配置できます。

クイック検索ボックス
Google検索のウィジェットです。ここからGoogle検索やGoogleレンズを利用できます。Google検索バーともいいます。

16

Section 009

ホーム画面のページを切り替える

OS・Hardware

ホーム画面に複数のページがある場合は、スワイプすることでページを切り替えることができます。また、ホーム画面からGoogle Discoverを表示できます。

1 ホーム画面の一番左のページを表示しています。左方向にスワイプします。

2 右のページが表示されます。画面を右方向にスワイプします。

3 手順1の画面に戻ります。画面を右方向にスワイプします。

4 Google Discover（P.64参照）の画面が表示されます。

17

Section 010

OS・Hardware

アプリを起動する

アプリの起動は、「アプリ画面」を表示して行います。「アプリ画面」には、インストールされているアプリがすべて表示されています。なお、「アプリ画面」は、「アプリ一覧画面」や「アプリの一覧画面」ともいいます。

1 ホーム画面を表示し、上方向にスワイプします。

2 アプリ画面が表示されます。起動したいアプリのアイコン(ここでは[設定])をタップします。

3 「設定」アプリが起動します。他のアプリを表示したい場合は、アプリを切り替えるか(P.19参照)、同じ操作で別のアプリを起動します。

MEMO ホーム画面からアプリを起動する

ホーム画面にアプリのショートカットが配置されていれば、そのアイコンをタップすることでもアプリを起動できます。よく利用するアプリは、ホーム画面のタップしやすいところに配置しておきましょう(P.30参照)。

Section 011

アプリを切り替える

OS・Hardware

アプリを利用中などに、別のアプリに切り替えられます。最近使用したアプリであれば、□（最近使用したアプリ）をタップして、すぐに切り替えられます。

1 アプリ起動中やホーム画面で□をタップします。

2 最近使用したアプリがサムネイルで一覧表示されます。画面を左右にスワイプします。

3 表示したいアプリをタップします。

4 アプリが表示されます。

Section 012

OS・Hardware

アプリを終了する

最近のAndroid OSでは、自動的にメモリや電力の管理をしてくれるので、基本的に手動でアプリを終了する必要はありませんが、履歴を削除することで、画面を整理できます。

1 P.19手順2の画面を表示し、左右にスワイプして、終了したいアプリを表示します。

2 終了したいアプリを上方向にフリックします。

3 アプリが終了し、履歴も削除されます。

4 履歴をすべて消去したい場合は、右方向にフリックして左端を表示し、[すべてクリア]をタップします。

Section 013

音量キーで音量を操作する

OS・Hardware

音楽や動画などのメディア、通話、着信音と通知、アラームのそれぞれの音量は、音量キーから調節することができます。

1 音量キーの上、または音量キーの下を押します。

2 音量キーの上、または音量キーの下を何度か押すか、表示された音量メニューのスライダーをスワイプして音量を変更します。

3 音量メニューの … をタップします。

4 「音設定」画面が表示され、個別に音量を設定することができます。

Section 014

電源をオフにする

OS・Hardware

電源をオフにする場合は、電源キーと音量キーの上を同時に押して電源メニューを表示してから行います。

1 ロックを解除した状態で、音量キーの上と電源キーを同時に押します。

2 電源メニューが表示されるので、[電源を切る] をタップすると、電源がオフになります。

3 手順2の画面で [緊急通報] をタップすると、警察や消防にワンタップで発信することができます。

MEMO ロックダウンとは

指紋認証を設定している場合は、電源メニューに「ロックダウン」が表示されます。これをタップすると、指紋認証が機能しなくなり、ロックNo.（PIN）もしくはパスワードを入力する必要があります。

Section 015

ウィジェットを利用する

OS・Hardware

ウィジェットとは、アプリの一部の機能をホーム画面上に表示するものです。ウィジェットを使うことで、情報の確認やアプリの起動をかんたんに行うことができます。利用できるウィジェットは、対応するアプリをインストールして追加することができます。

1 ホーム画面をロングタッチし、[ウィジェット]をタップします。

2 利用できるウィジェットが一覧表示されるので、追加したいウィジェットの項目をタップし、ウィジェットをロングタッチして画面上部にドラッグします。

3 ホーム画面に切り替わったら、そのまま追加したい場所までドラッグして指を離します。

MEMO ウィジェットをカスタマイズする

ウィジェットの中には、ロングタッチして上下左右のハンドルをドラッグすると、サイズを変更できるものがあります。また、ウィジェットをロングタッチしてドラッグすると移動でき、ホーム画面上部の[削除]までドラッグすると削除できます。

Section **016**

情報を確認する

OS・Hardware

画面上部に表示されるステータスバーや通知パネルから、さまざまな情報を確認することができます。ここでは、通知される表示の確認方法や、通知を削除する方法を紹介します。

ステータスバーの見かた

通知アイコン

不在着信や新着メール、実行中の作業など、アプリからの通知を表すアイコンです。

ステータスアイコン

電波状態やバッテリー残量など、主にXperia 1 Ⅵ／10 Ⅵの状態を表すアイコンです。

通知アイコン		ステータスアイコン	
M	新着Gmailメールあり	◎	GPS測位中
+	新着+メッセージあり	📳	マナーモード（バイブレーション）設定中
↓	データを受信／ダウンロード	▼	Wi-Fi接続中および接続状態
☎	不在着信あり	▲	電波の状態
⏰	アラーム設定あり	🔋	バッテリー残量
●	表示されていない通知あり	✳	Bluetooth接続中

通知を確認する

1. メールや電話の通知などを確認したいときは、ステータスバーを下方向にスライドします。

2. 通知パネルが表示されます。表示される通知の中から不在着信やメッセージの通知をタップすると、対応するアプリが起動します。通知パネルを上方向にスライドすると、通知パネルが閉じます。

通知パネルの見かた

❶	クイック設定パネルの一部が表示されます（P.26参照）。
❷	通知や端末の状態が表示されます。左右にスワイプすると通知が消えます（消えない通知もあります）。
❸	通知によっては通知パネルから「返信」などの操作が行えます。
❹	通知内容が表示しきれない場合にタップして閉じたり開いたりします。
❺	タップすると通知の設定を変更することができます。
❻	タップするとすべての通知が消えます（消えない通知もあります）。

Section 017

クイック設定パネルを利用する

OS・Hardware

クイック設定パネルの機能ボタンから主要な機能のオン／オフを切り替えたり、設定を変更したりすることができます。「設定」アプリよりもすばやく使うことができるうえに、オン／オフの状態をひと目で確認することができます。クイック設定パネルは、ロック画面からも表示可能です。

クイック設定パネルを表示する

1. ステータスバーを2本の指で下方向にスライドすると、クイック設定パネルが表示されます。機能ボタンをタップすると、機能のオン／オフを切り替えられます。画面を左方向にスライドします。

スライドする

2. 次のパネルが表示されます。◀をタップすると、パネルが閉じます。

画面の明るさを調節する

電源メニューを表示

「設定」アプリを開く

MEMO 機能ボタンのそのほかの機能

一部の機能ボタンを長押しすると、「設定」アプリの該当項目が表示されて、詳細な設定を行うことができます。手順2の画面で、右下の⚙をタップすると、「設定」アプリを開くことができます。また、画面上部のスライダーを左右にドラッグすると、画面の明るさを調節することができます。

クイック設定パネルを編集する

クイック設定パネルの機能ボタンは編集して並び替えることができます。よく使う機能の機能ボタンを上位に配置して使いやすくしましょう。また、非表示になっている機能ボタンを追加したり、あまり使わない機能ボタンを非表示にすることもできます。

1 P.26手順1の画面を開き、✏️をタップします。

2 編集画面が表示され、クイック設定パネルを編集できるようになります。

3 編集画面で機能ボタンを長押ししてドラッグすると、並び替えることができます。

4 画面の下部には非表示の機能ボタンがあります。機能ボタンを長押しして上部にドラッグするとクイック設定パネルに追加することができます。

> **MEMO 機能ボタンの配置を元に戻す**
>
> 編集画面で、右上の [リセット] をタップすると、機能ボタンの配置を初期状態に戻すことができます。

Section 018

マナーモードを設定する

OS・Hardware

マナーモードは、機能ボタンや音量キーから設定できます。マナーモードには、「バイブ」と「バイブなし」の2つのモードがあります。なお、マナーモード中でも、音楽などのメディアの音声は消音されません。

機能ボタンから設定する

1 ステータスバーを2本指で下方向にスライドします。

2 クイック設定パネルが表示されます。マナーモード（OFF）をタップします。

3 マナーモード（バイブ）が設定されます。再度タップします。

4 マナーモード（バイブなし）が設定されます。再度タップすると、マナーモードが解除されます。

音量キーから設定する

1 音量キーを押します。

2 [マナー OFF] をタップします。

3 表示されたマナーモードを選んで（ここでは [バイブ]）、タップします。

4 マナーモード（バイブ）が設定されます。同様の操作で、マナーモード（バイブなし）やマナーモードの解除が設定できます。

Section 019

アプリアイコンを整理する

OS・Hardware

標準でインストールされているアプリのアイコンの全部は、ホーム画面に表示されていません。アプリ画面からアイコンをホーム画面に表示することができます。また、アイコンをホーム画面の右端にドラッグすると、ホーム画面のページを増やすことができます。

アプリアイコンをホーム画面に追加する

1 アプリ画面を表示します。ホーム画面に追加したいアプリアイコンをロングタッチし、少しドラッグします。

2 ホーム画面に切り替わったら、アイコンを追加したい場所までドラッグします。

3 ホーム画面にアプリアイコンが追加されます。

MEMO　アイコンを削除する／アプリをアンインストールする

アプリアイコンをホーム画面から削除するには、アイコンをロングタッチして画面上部の［削除］までドラッグします。一部のアプリでは、［アンインストール］までドラッグすると、アプリがアンインストールされます。

アプリアイコンをフォルダにまとめる

1. ホーム画面でアプリアイコンをロングタッチし、フォルダにまとめたい別のアプリアイコンまでドラッグして指を離します。

2. フォルダが作成されます。フォルダをタップします。

3. フォルダが開きます。フォルダ名を設定するには、[名前の編集]をタップします。

4. フォルダ名を入力します。

TIPS ショートカットを追加する

ホーム画面には、「連絡帳」アプリの連絡先や、「Chrome」アプリのブックマークなどのショートカットをウィジェット（P.23参照）として追加することもできます。連絡先のショートカットを追加する場合は、連絡先を表示した状態で、︙→[ホーム画面に追加]→[ホーム画面に追加]します。

Section 020

2つのアプリを分割表示する

OS・Hardware

画面を上下に分割表示して、2つのアプリを同時に操作することができます。たとえば、Webページで調べた地名をマップで見たり、メールの文面をコピペして別の文書に保存したりといった使い方ができます。

1 P.19手順2の画面で、アプリ上部のアイコンをタップします。

2 [分割画面]をタップします。

3 左右にスワイプして、2つ目のアプリを選んでタップします。

4 2つのアプリが画面上下に分割表示されます。分割バーを上下にドラッグすると、アプリの表示の比率を変えることができます。単独表示に戻すには、バーを画面の一番上または下までドラッグします。

Section 021

アプリをポップアップウィンドウで表示する

OS・Hardware

Xperia 1 Ⅵ／10 Ⅵには、画面の上に小さなアプリ画面を表示する「ポップアップウィンドウ」という機能があります。ポップアップウィンドウの位置やサイズは、ドラッグして自由に変更できます。

1 P.19手順2の画面で、小さくしたいアプリのサムネイルを表示し、［ポップアップウィンドウ］をタップします。

2 画面の右下に小さなアプリ画面が表示されます。P.19を参考に大きな画面側のアプリを切り替えるか、●をタップしてホーム画面を表示します。

3 大きな画面と小さな画面で2つのアプリが表示されます。

4 ポップアップウィンドウをタップすると、上部にアイコンが表示され、ドラッグやタップすることでウィンドウの移動やサイズ変更ができます。

Section 022

ダークモードで表示する

[設定]アプリ

ダークモードは、黒が基調の画面表示で、バッテリー消費を抑えられます。なお、本書はダークモードをオフにした画面で解説しています。

1 アプリ画面で[設定]をタップし、[画面設定]をタップします。

2 ダークモードの ● をタップします。

3 ダークモードがオンになります。

MEMO クイック設定パネルから切り替える

P.27を参考に「ダークモード」を機能ボタンに追加すれば、クイック設定パネルからダークモードのオン/オフができます。

Section 023

文字を入力する

キーボード

Xperia 1 Ⅵ／10 Ⅵでは、ソフトウェアキーボードで文字を入力します。「12キー」（一般的な携帯電話の入力方法）や「QWERTY」などを切り替えて使用できます。文字の入力方法は、携帯電話で一般的な「12キー」、パソコンと同じ「QWERTY」、「手書き」、「GODAN」、「五十音」の入力方法があります。なお、本書では「手書き」と「GODAN」、「五十音」は解説しません。

Xperia 1 Ⅵ／10 Ⅵの文字の入力方法

12キー

手書き

五十音

QWERTY

GODAN

35

QWERTYを追加する

1 キー入力が可能な画面になると、初回は選択画面が表示されるので［スキップ］をタップします。「12キー」が表示されます。⚙ をタップします。

2 ［言語］をタップします。

3 ［日本語］をタップします。

4 ［QWERTY］をタップしてチェックを付け、［完了］をタップします。◀ を2回タップして手順**1**の画面に戻ります。

5 ⊕をタップします。

6 QWERTYに変わります。⊕をタップするごとに入力方法が変わります。

12キーで文字を入力する

●トグル入力を行う

1. 12キーは、一般的な携帯電話と同じ要領で入力が可能です。たとえば、あを5回→かを1回→さを2回タップすると、「おかし」と入力されます。

2. 変換候補から選んでタップすると、変換が確定します。手順1で∨をタップして、変換候補の欄をスワイプすると、さらにたくさんの候補を表示できます。

●フリック入力を行う

1. 12キーでは、キーを上下左右にフリックすることでも文字を入力できます。キーをロングタッチするとガイドが表示されるので、入力したい文字の方向へフリックします。

2. フリックした方向の文字が入力されます。ここでは、たを下方向にフリックしたので、「と」が入力されました。

QWERTYで文字を入力する

1 QWERTYでは、パソコンのローマ字入力と同じ要領で入力が可能です。たとえば、g→i→j→uの順にタップすると、「ぎじゅ」と入力され、変換候補が表示されます。候補の中から変換したい単語をタップすると、変換が確定します。

2 文字を入力し、[変換] をタップしても文字が変換されます。

3 希望の変換候補にならない場合は、◀ / ▶をタップして文節の位置を調節します。

4 ↵をタップすると、濃いハイライト表示の文字部分の変換が確定します。

文字種を変更する

1 あa1 をタップするごとに、「ひらがな漢字」→「英字」→「数字」の順に文字種が切り替わります。「あ」がハイライトされているときには、日本語を入力できます。

2 「a」がハイライトされているときには、半角英字を入力できます。あa1 をタップします。

3 「1」がハイライトされているときには、半角数字を入力できます。再度 あa1 をタップすると、日本語入力に戻ります。

MEMO キーボードの切り替え

キーボードの ⊕ をタップするごとに、登録してあるキーボードに切り替わります。

絵文字や記号、顔文字を入力する

1 絵文字や記号、顔文字を入力したい場合は、☺記 をタップします。

2 ☺ をタップして、「絵文字」の表示欄を上下にスワイプし、目的の絵文字をタップすると入力できます。☆をタップします。

3 手順**2**と同様の方法で「記号」を入力できます。:-) をタップします。

4 「顔文字」を入力できます。あいうをタップします。

5 通常の文字入力画面に戻ります。

Section 024

テキストをコピー&ペーストする

アプリなどの編集画面でテキストをコピーすることができます。また、コピーしたテキストは別のアプリなどにペースト（貼り付け）して利用することができます。コピーのほか、テキストを切り取ってペーストすることもできます。

1 テキストの編集画面で、コピーしたいテキストを長押しします。

2 ●●を左右にドラッグしてコピーする範囲を指定し、[コピー] をタップします。なお、[切り取り] をタップすると切り取れます。

3 ペーストしたい位置をタップし、[貼り付け] をタップします。

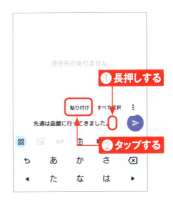

4 テキストがペーストされます。

Section 025

電話をかける／受ける

「電話」アプリ

電話操作は発信も着信も非常にシンプルです。発信時はホーム画面のアイコンからかんたんに電話を発信でき、着信時はドラッグまたはタップ操作で通話を開始できます。

電話をかける

1. ホーム画面またはアプリ画面で（電話）をタップします。

2. 「電話」アプリが起動します。をタップします。

3. 相手の電話番号をタップして入力し、[音声通話]をタップすると、電話が発信されます。

4. 相手が応答すると通話がはじまります。をタップすると、通話が終了します。

電話を受ける

1 電話がかかってくると、着信画面が表示されます（スリープ状態の場合）。 を上方向にスワイプします。また、画面上部に通知で表示された場合は、[応答]をタップします。

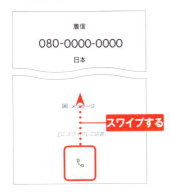

2 相手との通話がはじまります。通話中にアイコンをタップすると、ミュートやスピーカーなどの機能を利用できます。

3 をタップすると、通話が終了します。

TIPS 発信者情報の表示

連絡先に登録していない相手に電話をかけたり、電話がかかってきたりした場合、相手の名前や会社名などが表示されることがあります。この機能をオフにしたい場合は、P.42手順**2**の画面の右上の：をタップし、[設定]→[発着信情報/迷惑電話]の順にタップして、[発信者番号とスパムの番号を表示]をオフにします。

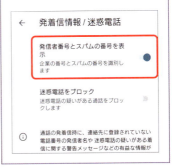

Section 026

「連絡帳」アプリ

新規連絡先を「連絡帳」に登録する

メールアドレスや電話番号を「連絡帳」アプリに登録しておくと、着信画面に相手の名前が表示され、自分から連絡する際もスムーズです。姓名や会社名などのほか、アイコンも設定できるので、本人の写真を設定しておくとより判別しやすくなるでしょう。よく連絡を取り合う相手は「お気に入り」に追加して、すぐに見られるようにしておくと便利です。なお、ドコモ版では「ドコモ電話帳」アプリになりますが、ここで紹介する手順とほぼ同じ操作で連絡先を登録できます。

1 P.18を参考にアプリ画面を表示し、[連絡帳] をタップします。

2 「連絡帳」画面が表示されます。＋をタップします。

3 「連絡先の作成」画面が表示されます。名前やメールアドレス、電話番号などを入力して、[保存]をタップします。

4 連絡先が登録されます。☆をタップするとお気に入りに追加され、「電話」アプリで [お気に入り] をタップすると、すぐに表示することができます。

Section 027

通話履歴を確認する

「電話」アプリ

電話をかけ直すときは、履歴画面から行うと手間をかけずに発信できます。また、履歴の件数が多くなりすぎた場合、履歴を消去することも可能です。

1 ホーム画面で📞をタップします。

2 「履歴」画面が表示されていない場合は、[履歴] をタップします。

3 発着信履歴が一覧となった画面が表示されます。電話を発信したい履歴の📞をタップすると、電話を発信できます。履歴をタップします。

4 [連絡先に追加] をタップすると、この番号を連絡先に登録できます。

Section **028**

「設定」アプリ

Wi-Fiを利用する

自宅のインターネットのWi-Fiアクセスポイントや公衆無線LANなどのWi-Fiネットワークがあれば、モバイル回線を使わなくてもインターネットに接続して、より快適に楽しめます。

Wi-Fiに接続する

1 アプリ画面で[設定]をタップし、[ネットワークとインターネット]をタップします。

2 [インターネット]をタップします。

3 [Wi-Fi]をタップしてオンにし、接続したいWi-Fiネットワーク名をタップします。

4 パスワードを入力し、[詳細オプション]をタップして必要に応じてほかの設定をして[接続]をタップすると、Wi-Fiネットワークに接続できます。

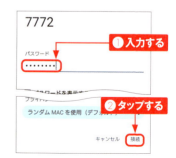

46

Wi-Fiネットワークを追加する

1 Wi-Fiネットワークに手動で接続する場合は、P.46手順3の画面の下部にある[ネットワークを追加]をタップします。

2 「ネットワーク名」を入力し、「セキュリティ」欄をタップします。

3 適切なセキュリティの種類をタップして選択します。

4 「パスワード」を入力し、[保存]をタップすると、Wi-Fiネットワークに接続できます。

MEMO Wi-Fiの接続設定を削除する

Wi-Fiの接続設定を削除したいときは、P.46手順3の画面で、接続済みのWi-Fiネットワーク名をタップして、[削除]をタップします。

47

Section **029**

「設定」アプリ

Googleアカウントを設定する

Googleアカウントを登録すると、Googleが提供するサービスが利用できます。なお、初期設定で登録済みの場合は、必要ありません。取得済みのGoogleアカウントを利用することもできます。

1 アプリ画面で[設定]をタップします。

2 「設定」アプリが起動するので、[パスワードとアカウント]をタップします。

3 [アカウント追加]をタップします。

MEMO Googleアカウントとは

Googleアカウントを取得すると、Playストアからのアプリのインストールや Google が提供する各種サービスを便利に利用することができます。アカウントは、メールアドレスとパスワードを登録するだけで作成できます。Googleアカウントを設定すると、Gmailが利用できるようになり、メールが届きます。

4 [Google] をタップします。

5 新規にアカウントを取得する場合は、[アカウントを作成] → [個人で使用] をタップして、画面の指示に従って進めます。

6 「アカウント情報の確認」画面が表示されたら、[次へ] をタップします。

7 「プライバシーポリシーと利用規約」の内容を確認して、[同意する] をタップします。

MEMO 既存のアカウントを利用する

取得済みのGoogleアカウントがある場合は、手順**5**の画面でメールアドレスを入力して、[次へ] をタップします。次の画面でパスワードを入力して操作を進めると、P.50手順**9**の画面が表示されます。

8 画面を上方向にスワイプし、利用したいGoogleサービスがオンになっていることを確認して、[同意する]をタップします。

9 P.48手順3の過程で表示される「アカウントを管理」画面に戻ります。Googleアカウントをタップします。

10 [アカウントの同期]をタップします。

11 Googleアカウントで同期可能なサービスが表示されます。サービス名をタップして、◯にすると、同期が解除されます。

MEMO Googleアカウントの削除

手順10の画面で[アカウントを削除]をタップすると、Googleアカウントを端末から削除することができます。

WebとGoogleアカウント の便利技

Chapter
2

Section 030

ChromeでWebページを表示する

Xperia 1 VI ／ 10 VIには、インターネットブラウザとして「Chrome」アプリが標準搭載されています。「Chrome」アプリを利用して、Webページの閲覧や情報の検索などが行えます。

 Chromeを起動する

1 ホーム画面で◎をタップします。

2 「Chrome」アプリが起動します。初回は［○○（Xperia 1 VI ／ 10 VIに設定したGoogleアカウント）として続行］をタップし、画面の指示に従って操作します。アドレスバーをタップします。

3 WebページのURLを入力して、→をタップすると、入力したURLのWebページが表示されます。

MEMO Chromeを起動したときに表示されるページ

Chromeを起動したときに表示されるページ（ホームページ）は、通信事業者などによって異なります。本書ではau版を使用しているため「au Webポータル」が表示されますが、ドコモ版では「dメニュー」のページが表示されます。

Webページを移動する

1 Webページの閲覧中に、リンク先のページに移動したい場合、ページ内のリンクをタップします。

2 リンク先のWebページが表示されます。画面の左端から右方向にスワイプすると、前に表示していたWebページに戻ります。

3 画面右上の⋮をタップして、→をタップすると、前のWebページに進みます。

4 ⋮をタップして C をタップすると、表示ページが更新されます。

Section **031**

Chrome

Chromeのタブを使いこなす

「Chrome」アプリはタブを切り替えて同時に開いた複数のWebページを表示することができます。複数のページを交互に参照したいときや、常に表示しておきたいページがあるときに利用すると便利です。またグループ機能を使うと、タブをまとめたりアイコンとして操作できたりして、管理しやすくなります。

Webページを新しいタブで開く

1 「Chrome」アプリを起動して、︙をタップします。

2 [新しいタブ]をタップします。

3 新しいタブが表示されます。

MEMO グループとは

「Chrome」アプリは、複数のタブをまとめるグループ機能を使うことができます（P.56〜57参照）。よく見るWebページのジャンルごとにタブをまとめておくと、情報を探したり、比較したりしやすくなります。またグループ内のタブはアイコン表示で操作できるので、追加や移動などもかんたんに行えます。

タブを切り替える

1 複数のタブを開いた状態でタブ切り替えアイコンをタップします。

2 現在開いているタブの一覧が表示されるので、表示したいタブをタップします。

3 タップしたタブに切り替わります。

MEMO タブを閉じる

不要なタブを閉じたいときは、手順2の画面で、右上の×をタップします。なお、最後に残ったタブを閉じると、Chromeが終了します。

グループを表示する

1 ページ内のリンクをロングタッチします。

2 [新しいタブをグループで開く] をタップします。

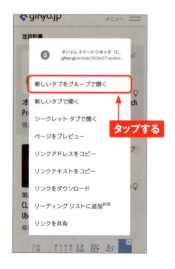

3 新しいタブがグループで開き、画面下にタブの切り替えアイコンが表示されます。新しいタブのアイコンをタップします。

4 新しいタブのページが表示されます。

グループを整理する

1 P.56手順3の画面で右下の[+]をタップすると、グループ内に新しいタブが追加されます。画面右上のタブ切り替えアイコンをタップします。

2 現在開いているタブの一覧が表示され、グループの中に複数のタブがまとめられていることがわかります。グループをタップします。

3 グループが大きく表示されます。タブの右上の[×]をタップします。

4 グループ内のタブが閉じます。←をタップすると、現在開いているタブの一覧に戻ります。

5 グループにタブを追加したい場合は、追加したいタブを長押しし、グループにドラッグします。

6 グループにタブが追加されます。

Section **032**

Webページ内の単語をすばやく検索する

Chrome

「Chrome」アプリでは、Webページ上の単語をタップすることで、その単語についてすばやく検索することができます。なお、モバイル専用ページなどで、タップで単語を検索できない場合はロングタッチして文章を選択します（MEMO参照）。

1 「Chrome」アプリでWebページを開き、検索したい単語をタップします。

2 画面下部に選んだ単語が表示されるので、タップします。

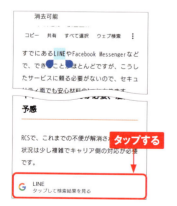

3 検索結果が表示されます。

MEMO 文章を検索する

文章を検索するには、Webページ上の検索したい部分をロングタッチし、●●を左右にドラッグして文章範囲を選択し、[ウェブ検索]をタップします。

Section 033

Webページの画像を保存する

Chrome

「Chrome」アプリでは、Webページ上の画像をロングタッチすることでかんたんに保存することができます。画像は本体内の「Download」フォルダに保存されます。「フォト」アプリで見る場合は、「フォト」アプリで［ライブラリ］→［Download］の順にタップします。また、「Files」アプリの「ダウンロード」から開くこともできます（P.138参照）。

1 「Chrome」アプリでWebページを開き、保存したい画像をロングタッチします。

2 ［画像をダウンロード］をタップします。

3 ［開く］をタップします。

4 保存した画像が表示されます。

Section **034**

住所などの個人情報を自動入力する

Chrome

「Chrome」アプリでは、あらかじめ住所やクレジットカードなどの情報を設定しておくことで、Webページの入力欄に自動入力することができます。入力欄の仕様によっては、正確に入力できない場合もあるので、正確に入力できなかった部分を編集するようにしてください。

1 画面右上の︙をタップし、[設定]をタップします。

2 住所などを設定するには[住所やその他の情報]を、クレジットカードを設定するには[お支払い方法]をタップします。

3 「住所の保存と入力」または「お支払方法の保存と入力」がオンになっていることを確認し、[住所を追加]または[カードを追加]をタップします。

4 情報を入力し、[完了]をタップします。

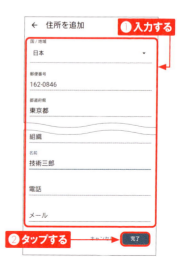

Section 035

パスワードマネージャーを利用する

Chrome

「パスワードマネージャー」は、WebサービスのログインIDとパスワードをGoogleアカウントに紐づけて保存します。以降は、ログインIDの入力欄をタップすると、自動ログインできるようになります。保存したパスワードの管理には、画面ロックの設定が必要です。

1 「Chrome」アプリの画面右上の︙をタップし、[設定]→[Googleパスワードマネージャー]の順にタップします。

2 [設定]をタップします。

3 設定がオンになっていることを確認します。Webページでパスワードを入力後、[保存]をタップするとパスワードが保存され、以降、自動ログインできるようになります。手順**2**の画面で、パスワードを管理できるようになります。

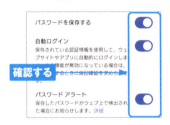

MEMO パスワードを編集する

パスワードを保存すると、手順**2**の画面に保存したサイトの一覧が表示されるので、タップして編集することが可能です。

Section 036

「Google」アプリ

Google検索を行う

「Google」アプリは、自分に合わせてカスタマイズした情報を表示させたり、Google検索をしたりすることができるアプリです。また、ホーム画面上のクイック検索ボックスを使うとすばやく検索できます。Webページを検索、表示できる点はChromeと同じですが、機能などが異なります。

1 P.18を参考にアプリ画面を表示し、[Google] フォルダー→ [Google] の順にタップします。

2 検索するキーワードを入力し、🔍 をタップします。

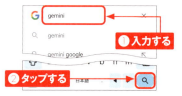

3 キーワードに関連する検索結果が表示されます。

MEMO そのほかの使いかた

検索ボックスをタップした際に表示される検索履歴の↖をタップすると、AND検索の候補が表示され、タップするとAND検索を行うことができます。なお、検索履歴を削除するには、削除したい検索履歴をロングタッチし、[削除] をタップします。また、🎤をタップすると、音声入力の検索や、周辺で流れている音楽を調べることができます。

62

Section 037

クイック検索ボックスを利用する

OS・Hardware

ホーム画面下部に固定されているクイック検索ボックスでは、Web検索やインストールしているアプリを見つけることができます。また、GoogleアシスタントとGoogleレンズを起動することもできます。

1 ホーム画面でクイック検索ボックスをタップします。なお、🎤をタップするとGoogleアシスタントが、📷をタップするとGoogleレンズが起動します。

2 検索欄に検索語を入力します。該当するアプリがある場合はアプリが表示されます。Web検索するには🔍をタップします。

3 「Google」アプリが起動して、Web検索の結果が表示されます。

MEMO 検索履歴を利用する

クイック検索ボックスには、手順2の画面のように検索した履歴や候補が表示されます。同じキーワードで検索したい場合は履歴をタップします。

63

Section 038

「Google」アプリ

Discoverで気になるニュースを見る

Google Discoverは、Webページの検索など、Googleサービスで行った操作や、フォローしているコンテンツをもとに、ユーザーが興味を持ちそうなトピックを表示する機能です。新しいトピックはもちろん、ユーザーが関心を持ちそうな古いトピックも表示されます。ニュースや天気などの概要が表示された「カード」をタップすることで、ソースのWebページが表示されます。

1 ホーム画面を右方向にスワイプします。

2 Google Discoverが表示されます。カードをタップします。

3 Webページが表示されます。

TIPS 表示頻度を上げる

好きなカードの右下にある高評価アイコン♡をタップすると、そのトピックの表示頻度が上がります。

Section 039

「Google」アプリ

最近検索したWebページを確認する

「Google」アプリで検索したり、Google Discover（P.64参照）で見たりしたWebページは、あとから「Google」アプリの「検索履歴」で確認することができます。

1 「Google」アプリを起動して、右上のアカウントアイコンをタップします。

2 ［検索履歴］をタップします。

3 最近検索したWebページが表示されます。画面を上下にスワイプして確認します。［削除］をタップすると、削除する検索履歴の範囲を指定することが可能です。

TIPS Web履歴をまとめて削除する

Chromeの利用履歴も含めて、Googleアカウントで検索、表示したWeb履歴は、「検索履歴」から確認したりまとめて削除したりすることができます（P.69参照）。

Section **040**

Googleレンズ

Googleレンズで似た製品を調べる

Googleレンズは、カメラで対象物を認識・分析することで、関連する情報などを調べることができる機能です。ここでは、Googleレンズで似た製品を検索する例を紹介します。好みの製品に近いものを探したい場合などに活用するとよいでしょう。

1 クイック検索ボックスの◉をタップします。

2 ◉→ [カメラを起動] の順にタップします。

3 検索の対象物にカメラを向けて、シャッターボタンをタップすると、検索結果が表示されます。

MEMO カメラへのアクセス許可

Googleレンズを最初に使用する際は、カメラへのアクセスを許可する必要があります。

Section **041**

Googleレンズ

Googleレンズで文字を読み取る

Googleレンズで文字を読み取ってテキスト化することができます。テキストをパソコンに直接コピーすることもできます。

1 Googleレンズを起動して文字にかざし、シャッターボタンをタップします。

2 [テキストを選択] をタップします。

3 P.41を参考にコピーしたいテキストを選択し、[コピー] をタップすると、テキストとしてコピーされ、ほかのアプリにペーストして利用することができます。

TIPS パソコンにテキストをコピーする

手順 **3** の画面で ⋮ → [パソコンにコピー] の順にタップすると、パソコンにテキストをコピーすることができます。パソコンのChromeが同じGoogleアカウントでログインしていることが条件になります。

Section **042**

「Google」アプリ

Googleアカウントの情報を確認する

Googleアカウントの情報は、「Google」アプリなど、Google製のアプリから確認することができます。登録している名前やパスワードの確認と変更や、プライバシー診断、セキュリティの確認などを行うことができます。

1 「Google」アプリを起動して、右上のアカウントアイコンをタップします。

2 ［Googleアカウントを管理］をタップします。

3 Googleアカウントの管理画面が表示されます。

4 タブをタップするとそれぞれの情報を確認できます。

Section **043**

「Google」アプリ

アクティビティを管理する

Googleアカウントを利用した検索、表示したWebページ、視聴した動画、利用したアプリなどの履歴を「アクティビティ」と呼びます。「Google」アプリで、これらのアクティビティを管理することができます。ここでは例として、Web検索の履歴の確認と削除の方法を解説します。

1 P.68手順2の画面で[検索履歴]をタップします。

2 画面下部に、直近のWeb検索と見たWebページの履歴が表示されます。画面を下にスクロールすると、さらに過去の履歴を見ることができます。×をタップすると履歴を削除できます。

TIPS アクティビティをもっと見る

手順2の画面で[管理]をタップすると、「ウェブとアプリのアクティビティ」で、アプリの利用履歴を確認することができます。また、利用履歴の保存をオフにすることも可能です。

Section **044**

「Google」アプリ

プライバシー診断を行う

Googleアカウントには、ユーザーの様々なアクティビティやプライバシー情報が保存されています。プライバシー診断では、それらの情報の確認や、情報を利用した後に削除するように設定することができます。プライバシー診断に表示される項目は、Googleアカウントの利用状況により変わります。

1 P.68手順4の画面で、[データとプライバシー]をタップし、[プライバシー診断を行う]をタップします。

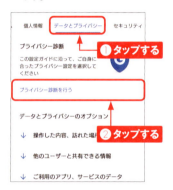

2 ウェブとアプリのアクティビティの設定の確認と変更を行うことができます(P.69参照)。[次へ]をタップします。

MEMO プライバシーに関する提案

手順1の画面が表示されずに、「プライバシーに関する提案」が表示された場合は、タップして確認します。

3 YouTube利用履歴の確認と変更を行うことができます。[次へ]をタップします。

4 広告のカスタマイズ方法の確認と変更を行うことができます。[次へ]をタップします。

5 公開するプロフィール情報の確認と変更を行うことができます。[次へ]をタップします。

6 YouTubeで共有する情報の設定の確認と変更を行うことができます。[完了]をタップします。

7 プライバシー診断を終えたら、[Googleアカウントを管理]をタップして、手順1の画面に戻ります。

Section 045

Googleアカウントに2段階認証を設定する

「Google」アプリ

2段階認証とは、ログインを2段階にしてセキュリティを強化する認証のことです。Googleアカウントの2段階認証プロセスをオンにすると、指定した電話番号に認証コードが送信され、Googleアカウントへのログイン時にその認証コードが求められるようになります。

1 「Google」アプリを開き、右上のアカウントアイコンをタップし、[Googleアカウントを管理]をタップします。

2 タブを左方向にスワイプし、[セキュリティ]→[2段階認証プロセス]→[2段階認証プロセスを有効にする]の順にタップし、ログインして[続行]をタップします。

3 認証コードを受け取る電話番号を入力し、[次へ]をタップします。

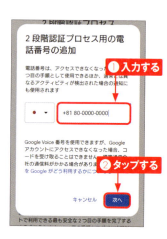

4 手順3で入力した電話番号に送られる認証コードを入力し、[確認]→[完了]の順にタップします。

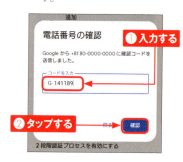

写真や動画、音楽の便利技

Chapter

3

Section 046

「カメラ」アプリで写真を撮影する

「カメラ」アプリ

Xperia 1 VI／10 VIでは、これまでの「Photo Pro」など複数あった写真や動画撮影のアプリが「カメラ」アプリとして統合されました。ここでは、基本的な操作方法を解説します。

「カメラ」アプリを起動する

1. ホーム画面で［カメラ］をタップします。

2. 初回起動時は許可確認の画面が続くので、画面に従って進めます。

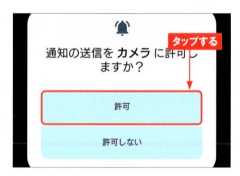

3. 「カメラ」アプリが起動しました。

写真モードの画面の見かた

❶	ステータス表示。フラッシュのオン／オフを切り替えます。また、暗い場所など撮影状況によってはナイト撮影のアイコンが表示されます。Xperia 1 VIでは、ナイト撮影に加え、被写体に近づいたときに近接撮影アイコンが表示されます。	❼	画角変更アイコン。タップすると、レンズのズーム倍率を変更します。変更できる倍率は以下の通りです。 ・Xperia 1 VI：0.7倍／1倍／2倍／3.5倍／7.1倍 ・Xperia 10 VI：0.6倍／1倍／2倍
❷	Googleレンズを起動します。	❽	カジュアル／クリエイティブ。タップすると、プリセットから好みの雰囲気を選んで撮影ができます（Xperia 1 VIでは、クリエイティブのみ）。
❸	タップして表示されるオートフォーカス枠です。タップしなくても被写体の顔を検出すると、自動的に顔の位置に表示されます。	❾	タップするたびにメインカメラとフロントカメラを切り替えます。
		❿	シャッター。タップして写真を撮影します。
❹	タップして表示される明るさを調整するバーです。	⓫	直前に撮影した写真のサムネイルが表示されます。
❺	タップして表示される色味を調整するバーです。	⓬	撮影モード切り替えボタン。タップまたは左右にスライドして撮影モードを切り替えます。撮影モードは以下の通りです。 ・Xperia 1 VI：プロ／ぼけ／写真／動画／スロー／その他 ・Xperia 10 VI：パノラマ／ぼけ／写真／動画／スロー
❻	タップすると「縦横比」「タイマー」「フラッシュ」のクイックメニューが表示されます。		

MEMO ジオタグの有効／無効

標準では、撮影した写真に自動的に撮影場所の情報（ジオタグ）が記録されます。自宅や職場など、位置を知られたくない場所で撮影する場合は、オフにしましょう。ジオタグのオン／オフは、クイックメニューを表示→［メニュー］→［位置情報を保存］とタップすると変更できます。

写真モードで写真を撮影する

1. P.74を参考にして、「カメラ」アプリを起動します。ピンチイン/ピンチアウトするか、画面変更アイコン部分をタップしてズーム倍率を切り替えると、ズームアウト/ズームインできます。

2. 画面をタップすると、タップした対象にフォーカスが設定されます。明るさと色味を調整するバーも表示されます。

3. ○をタップすると写真を撮影し、撮影した写真のサムネイルが表示されます。撮影を終了するには◁をタップします。

MEMO 本体キーを使った撮影

Xperia 1 VIIは、本体のシャッターキーや音量キー/ズームキーを使って撮影することができます。標準では、シャッターキーを長押しすると、「カメラ」アプリが写真モードで起動します。音量キー/ズームキーを押してズームを調整し、シャッターキーを半押しして緑色のフォーカス枠が表示されたら、そのまま押すことで撮影できます。Xperia 10 VIIは、写真モードの時に本体の音量キーを押すと撮影ができます。

Section 047

パノラマ写真を撮影する

「カメラ」アプリ

「カメラ」アプリでは、パノラマモードに切り替えてパノラマ写真を撮ることができます。左右に動かして横長の写真だけではなく、上下に動かして縦長の写真を撮影することもできます。

1 「カメラ」アプリを起動し、撮影モード切り替えボタンの［パノラマ］（Xperia 1 Ⅵは［その他］→［パノラマ］）をタップします。

2 パノラマモードに切り替わります。シャッターボタンをタップします。

3 画面の指示に従って、端末を上下左右いずれかの方向にゆっくりと移動させます。

4 もう一度シャッターボタンをタップすると、撮影が終了します。サムネイルをタップすると、撮影したパノラマ写真を見ることができます。

Section **048**

背景をぼかして撮影する

「カメラ」アプリ

「カメラ」アプリには、対象の人物やものを撮影するときに、背景をぼかすことができる「ぼけ」モードがあります。ぼかしの強度は、スライダーで調整できます。

1. 「カメラ」アプリを起動し、撮影モード切り替えボタンの［ぼけ］をタップします。

2. ぼけモードに切り替わります。 をタップします。

3. スライダーをドラッグしてぼかしの強さを調節したら、シャッターボタンをタップします。

MEMO ぼけ動画 Xperia 1 Ⅵ

Xperia 1 Ⅵでは、背景をぼかした動画を撮ることもできます。撮影モードの［その他］→［ぼけ動画］をタップすると、ぼけ動画を撮影するモードになります。

Section 049

テレマクロで撮影する
Xperia 1 Ⅵ

「カメラ」アプリ

Xperia 1 Ⅵのカメラアプリには、望遠レンズを使って接写するテレマクロ機能があります。望遠レンズを使うことで、被写体をゆがみなく撮影することができます。

1 「カメラ」アプリを起動し、撮影モード切り替えボタンの[その他]をタップします。

2 [テレマクロ]をタップします。

3 被写体に接近し、スライダーを動かしてピントを合わせます。

4 シャッターボタンをタップして撮影します。

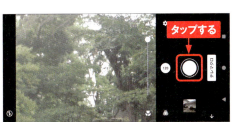

Section 050

プロモードで写真を撮影する

「カメラ」アプリ

Xperia 1 Ⅵ

ソニーのデジタル一眼カメラ「α」の機能やUIを受け継いでいるのが、Xperia 1 Ⅵで利用できる「プロモード」です。必要に応じて、「P」「S」「M」の3つの撮影モードを選んで撮影します。

■ プロモードにして撮影する

1. 「カメラ」アプリを起動して、撮影モードの[プロ]をタップしてプロモードにします。初回は「プロモード」の説明が表示されます。 ◯をタップすると写真を撮影します。

2. シャッターをロングタッチしている間は動画を撮影します。そのまま上の ◯ にドラッグします。

3. すると、指を離しても動画撮影状態になります。

プロモードの画面の見かた

❶	タップしてメニューを表示します。メニューは「撮影」「演出／色」「フォーカス」「セットアップ」とカテゴリ分けされています。	❾	撮影時のISO感度を表示します。下線表示時タップして値を変更することができます。
❷	タップしてフラッシュのオート／オフを切り替えます。	❿	タップしてレンズを「16mm」「24mm」「48mm」「85mm」「170mm」と切り替えることができます。
❸	撮影モードを「P」（プログラムオート）、「S」（シャッタースピード優先）、「M」（マニュアル露出）から選ぶことができます。	⓫	SS（シャッタースピード）、EV（露出補正）、ISO（ISO感度）の調節ができます。撮影モードにより調節できる要素が変わります。
❹	撮影データの保存先、保存先ストレージの空き容量、保存形式、位置情報の保存（ジオタグ）などのステータス情報が表示されます。	⓬	DISP。タップすると、撮影画面に表示されている設定アイコンや情報を表示／非表示にすることができます。
❺	タップして表示されるオートフォーカス枠です。タップしなくても被写体の顔を検出すると、自動的に顔の位置に表示されます。	⓭	Fn。タップするとファンクションメニューが表示されます。
❻	撮影時のシャッタースピードを表示します。下線表示時はタップして値を変更することができます。	⓮	シャッター。タップして写真を撮影します。ロングタッチ時は動画撮影になり、そのまま●にドラッグすると、指を離しても動画撮影が続きます。
❼	撮影時の絞り値を表示します。	⓯	直前に撮影した写真／動画のサムネイルが表示されます。
❽	撮影時の露出値を表示します。下線表示時タップして値を変更することができます。		

※画面は撮影モードが「P」（プログラムオート）の状態の場合です。

81

撮影モードを切り替える

1. 「カメラ」アプリを起動して[プロ]をタップします。[P]をタップします。

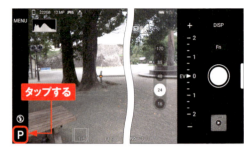

2. 撮影モードの選択画面が表示されるので、タップして切り替えます。ここでは[S]をタップしました。

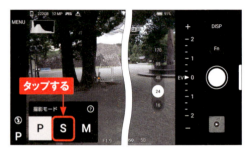

3. 「S」(シャッタースピード優先)の撮影モードになりました。画面構成も一部変わっています。

MEMO プロモードの撮影モード

プロモードでは、「P」(プログラムオート)、「S」(シャッタースピード優先)、「M」(マニュアル露出)と、撮影モードを切り替えることができます。「P」はシャッタースピード、絞り値を自動調整して、その他は好みの設定ができます。「S」はシャッタースピードを手動で調整できます。「M」はシャッタースピードとISO感度を手動で調整できます。

ファンクションメニューで設定を変更する

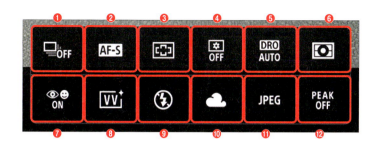

❶	ドライブモード。連続撮影やセルフタイマーの撮影方法を設定します。	❼	顔／瞳AF。人間や動物の顔または瞳を検出してピントを自動で合わせる機能のオン／オフを設定します。
❷	フォーカスモード。オートフォーカスの種類やマニュアルフォーカスを設定します。	❽	クリエイティブルック。6種類のルックから好みの仕上がりを選択できます。
❸	フォーカスエリア。オートフォーカスで撮影する場合の、フォーカス枠の種類を設定します。	❾	フラッシュ。フラッシュの発光方法を選択して設定します。
❹	コンピュテーショナルフォト。ブレや白飛びなどを抑えたオート撮影のオン／オフを設定します。	❿	ホワイトバランス。オート／曇天／太陽光／蛍光灯／電球／日陰に加えて、色温度、カスタムホワイトバランス、色調などの調整ができます。
❺	DRO／オートHDR。階調を最適化する機能のオン／オフなどを設定します。	⓫	ファイル形式。保存するファイル形式をRAW／RAW+J／JPEGから選択できます。
❻	測光モード。測光方法を設定します。	⓬	ピーキング。ピントが合った部分の輪郭を強調する機能のオン／オフを選択します。

※ファンクションメニュー画面はXperia 1 VIが縦の状態の表示です。横にすると縦表示になります。
※表示されるアイコンは撮影モードによって異なります。
※設定によっては、他の設定や機能と同時に使用できない場合があります。

83

フォーカスモード

1. フォーカスモードはファンクションメニューからAF-CとAF-S、MFの3つを選択できます。

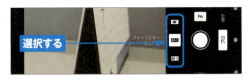

2. AF-Cは被写体が動くときに使用するモードで、シャッターキーを半押しの間に被写体にピントが合い続け、深く押すと撮影されます。ピントが合っている部分は、小さい緑の四角（フォーカス枠）で示されます。AF-Sは被写体が動かないときに使用するモードで、シャッターキーを半押ししたときにピントが固定されます。

ドライブモード

1. セルフタイマーや連続撮影を設定できます。「1枚撮影」「連続撮影:Lo」「連続撮影:Hi」「連続撮影:Hi+」「HDR連続撮影:Lo」「HDR連続撮影:Hi」「セルフタイマー:3秒」「セルフタイマー:10秒」から選択します。

MEMO 写真のファイル形式

写真のファイルは、「JPEG」「RAW」「RAW+JPEG」の3種類の形式が選択できます。RAW形式を選択すれば、未加工の状態で写真を保存することができるので、Adobe LightroomなどのRAW現像ソフトを使ってより高度な編集を行うことができます。

クリエイティブルック

1 クリエイティブルックは見た目の雰囲気を好みのルックに設定できます。ファンクションメニューから[クリエイティブルック]をタップして、メニューを表示します。

2 「ST」「NT」「VV」「FL」「IN」「SH」の6種類のルックがあります。選択してタップ（ここでは[VV]）すると、クリエイティブルックが適用されます。

ホワイトバランス

1 ファンクションメニューから[ホワイトバランス]をタップします。

2 「オート」「曇天」「太陽光」「蛍光灯」「電球」「日陰」から選択でき、さらに色温度やカスタムも選択できます。選択してタップ（ここでは[曇天]）すると、ホワイトバランスが適用されます。

Section 051

動画を撮影する

「カメラ」アプリ

「カメラ」アプリを動画モードにして、動画を撮影してみましょう。動画の撮影中に、写真を撮影することもできます。

動画モードで動画を撮影する

1. 「カメラ」アプリを起動し、[動画]をタップし、動画モードに切り替えます。

2. レンズを切り替えていた場合、広角レンズ(×1.0)に戻ります。●をタップすると、動画の撮影がはじまります。

3. 動画の録画中は画面左上に録画時間が表示されます。また、写真モードと同様にズーム操作や、オートフォーカス枠、明るさや色味の変更が行えます。●をタップすると、撮影が終了します。

MEMO 動画撮影中に写真を撮るには

動画撮影中に●をタップすると、写真を撮影することができます。写真を撮影してもシャッター音は鳴らないので、動画に音が入り込む心配はありません。

動画モードの画面の見かた

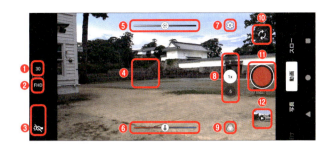

❶	タップするたびに「30」「60」(Xperia 1 Ⅵは「24」「30」「60」「120」)と、フレームレートの設定値が切り替わります。	❼	タップすると「解像度」「フレームレート」「ライト」「商品レビュー」(Xperia 1 Ⅵのみ)のクイックメニューが表示されます。
❷	タップするたびに「HD」「FDH」「4K」と解像度が切り替わります。	❽	レンズのズーム倍率を変更します。
❸	ライトのオン／オフを切り替えます。Xperia 1 Ⅵでは、被写体に近づくと近接撮影アイコンが表示されます。	❾	クリエイティブ／シネマティック。タップして表示されるプリセットから好みの雰囲気やシネマティックな会長、色表現などを選択できます。
❹	タップして表示されるオートフォーカス枠です。タップしなくても被写体の顔を検出すると、自動的に顔の位置に表示されます。	❿	タップするたびにメインカメラとフロントカメラを切り替えます。
❺	タップして表示される明るさを調整するバーです。	⓫	タップして動画撮影を開始します。撮影中にタップすると停止します。
❻	タップして表示される色味を調整するバーです。	⓬	直前に撮影した動画のサムネイルが表示されます。

MEMO 保存先の変更

標準では撮影した写真／動画は本体に保存されます。保存先を変更するには、クイックメニューを表示→ [メニュー] → [保存先] とタップして、[SDカード] をタップします。

87

Section 052

「Video Creator」でショート動画を作成する

Video Creator

「Video Creator」は、写真／動画や音楽を選択するだけで、すばやくショート動画を作成できるアプリです。かんたんな編集も行えるので、友達に送るだけでなくSNSへの投稿にも適しています。

1 アプリ画面で［Video Creator］をタップします。

2 初回起動時は［開始］をタップします。「利用上の注意」画面が表示されたら同意し、通知やアクセスの許可画面が表示されたらすべて許可します。

3 「Video Creator」アプリのホーム画面が表示されるので、［新しいプロジェクト］をタップします。

4 使用する写真や動画のサムネイル左上の○をタップして選択し、［おまかせ編集］をタップします。

5 動画の長さや使用する音楽をタップして選択し、[開始]をタップします。ここでは、動画の長さは30秒、音楽はランダムに選曲するようにしています。

6 動画が自動で作成されます。画面下のメニューをタップすることで、テキストの追加、フィルターの適用、画面の明るさや色の調整などの編集が行えます。

7 編集中に▶をタップすると、動画を再生して編集結果を確認することができます。編集が終わったら、[エクスポート]をタップします。

8 動画のエクスポートが行われます。[終了]をタップします。作成された動画は、「フォト」アプリから確認できます。P.91手順2の画面から動画を再編集することも可能です。

Section 053

写真や動画を閲覧・編集する

「フォト」アプリ

撮影した写真や動画は、「フォト」アプリで閲覧することができます。「フォト」アプリは、閲覧だけでなく、自動的にクラウドストレージに写真をバックアップする機能も持っています。

「フォト」アプリで写真や動画を閲覧する

1. ホーム画面で［フォト］をタップします。確認画面が表示されたら［許可］をタップします。

2. バックアップの設定をするか聞かれるので、ここではオンにして［開始する］をタップします。

3. 「被写体の顔に基づいて写真を分類」画面が表示されたら［許可しない］［許可］のどちらかをタップして完了です。

MEMO 保存画質の選択

「フォト」アプリでは、Googleドライブの保存容量の上限（標準で15GB）まで写真をクラウドに保存することができます。保存容量の節約をする場合は、「フォト」アプリの右上のアカウントアイコンをタップして、［バックアップ］→ ⚙ →［バックアップの画質］→［保存容量の節約］→［選択］をタップします。「保存容量の節約」ではオリジナルより画質が少し落ちます。

写真や動画を閲覧する

1 左下の[フォト]をタップすると、本体内の写真や動画が表示されます。動画には右上に撮影時間が表示されています。閲覧したい写真をタップします。

2 写真が表示されます。左右にスワイプすると前後の写真が表示されます。拡大したい場合は、写真をダブルタップします。また、画面をタップすることで、メニューの表示/非表示を切り替えることができます。

3 写真が拡大されました。手順**2**の画面に戻るときは、←をタップします。

MEMO 動画の再生

手順**1**の画面で動画をタップすると、動画が再生されます。再生を止めたいときは、動画をタップして⏸をタップします。

写真を検索して閲覧する

1 「フォト」アプリを起動して、[検索] をタップします。

2 [写真を検索] をタップします。

3 検索したい写真に関するキーワードや日付などを入力して、✓をタップします。

4 検索された写真が一覧表示されます。写真をタップすると、大きく表示されます。

Googleレンズで被写体の情報を調べる

1 P.91手順1を参考に情報を調べたい写真を表示し、🔍をタップします。

2 調べたい被写体をタップします。

3 表示される枠の範囲を必要に応じてドラッグして変更すると、画面下に検索結果が表示されるので、上方向にスワイプします。

4 検索結果が表示されます。◀をタップすると手順3の画面に戻ります。

写真を編集する

1 P.91手順1を参考に写真を表示して、🎛をタップします。

2 写真の編集画面が表示されます。[補正]をタップすると、写真が自動で補正されます。

3 写真にフィルタをかける場合は、画面下のメニュー項目を左右にスクロールして、[フィルタ]を選択します。

4 フィルタを左右にスクロールし、かけたいフィルタ(ここでは[モデナ])をタップします。

5 P.94手順3の画面で［調整］を選択すると、明るさやコントラストなどを調整できます。各項目のダイヤルを左右にドラッグし、［完了］をタップします。

6 P.94手順3の画面で［切り抜き］を選択すると、写真のトリミングや角度調整が行えます。■をドラッグしてトリミングを行い、画面下部のダイヤルを左右にスクロールして角度を調整します。

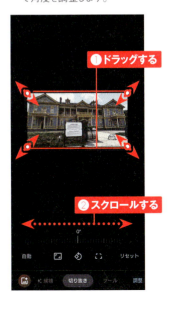

7 編集が終わったら、[保存]をタップし、[保存]もしくは[コピーとして保存]をタップします。

MEMO そのほかの編集機能

P.94手順3の画面で［ツール］を選択すると、背景をぼかしたり空の色を変えたりすることが可能です。また、［マークアップ］を選択すると入力したテキストや手書き文字などを書き込むことができます。

Section **054**

写真や動画を削除する

「フォト」アプリ

「フォト」アプリの写真が増えてきたら、削除して整理しましょう。ここでの削除は、「ゴミ箱」フォルダに移動する操作になり、本体から完全に削除されるのは60日後になります。

1 「フォト」アプリの画面で、削除したい写真や動画をロングタッチします。

2 [削除] をタップします。この画面でほかに削除したい写真などがあれば、タップすると追加することができます。

3 [OK] → [ゴミ箱に移動] の順にタップします。

4 削除直後であれば、[元に戻す] をタップすると、元に戻すことができます。

Section 055

削除した写真や動画を復元する

「フォト」アプリ

P.96の操作で削除した写真や動画は、バックアップされていなければ、30日後に削除されますが、それよりも前なら復元できます。

1 「フォト」アプリで、[コレクション]（または[ライブラリ]）をタップします。

2 [ゴミ箱] をタップします。

3 復元（または完全削除）したい写真や動画を、ロングタッチして選択します。

4 [復元] をタップします。なお、[削除] をタップすると、本体から削除することができます。

Section 056

写真を共有する

「フォト」アプリ

「フォト」アプリは、写真や動画、アルバムを共有することができます。ここでは、Gmail で送信する方法やリンクを作成する方法を解説します。

写真を共有する

1. 「フォト」アプリで写真やアルバムを表示して、[共有]をタップします。

2. 共有方法が表示されます。上方向にスワイプします。

3. 送信に利用するアプリやサービスを選択します。ここでは、[Gmail]をタップします。

4. 宛先、件名、メールの内容を入力して、▷をタップします。

写真をリンクで共有する

1. 「フォト」アプリで写真やアルバムを表示して、[共有] をタップします。

2. 次の画面で [リンクを作成] をタップします。

3. リンクの送信に使うアプリが表示されます。上方向にスワイプして目的のアプリを探し、タップします。

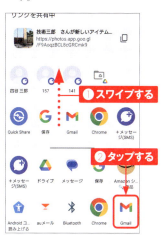

4. 選んだアプリが開きます。送信相手を選んで、必要に応じてメッセージを追記して送信します。

Section 057

パソコンから音楽・写真・動画を取り込む

OS・Hardware

Xperia 1 VI ／ 10 VIはUSB Type-Cケーブルでパソコンと接続して、本体メモリやmicroSDカードに各種ファイルを転送することができます。お気に入りの音楽や写真、動画を取り込みましょう。

パソコンとXperia 1 VI ／ 10 VIを接続する

1 パソコンとXperia 1 VI ／ 10 VIをUSB Type-Cケーブルで接続します。パソコンでドライバーソフトのインストール画面が表示された場合はインストール完了まで待ちます。ステータスバーを下方向にドラッグします。

2 [このデバイスをUSBで充電中]の通知を下にドラッグします。

3 通知が展開されるので、再度[このデバイスをUSBで充電中]をタップします。

4 「USBの設定」画面が表示されるので、[ファイル転送]をタップすると、パソコンからXperia 1 VI ／ 10 VIにデータを転送できるようになります。

パソコンからファイルを転送する

1 パソコンでエクスプローラーを開き、「PC」にあるXperia 1 VI／10 VI（ここでは、[SOG14]と表示）をクリックします。

2 [内部共有ストレージ]をダブルクリックします。microSDカードを挿入している場合は、「SDカード」と「内部共有ストレージ」が表示されます。

3 端末内のフォルダやファイルが表示されます。

4 パソコンからコピーしたいファイルやフォルダをドラッグします。ここでは、音楽ファイルが入っている「音楽」というフォルダを「Music」フォルダにコピーします。

5 コピーが完了したら、パソコンからUSB Type-Cケーブルを外します。画面はコピーしたファイルをXperia 10 VIの「ミュージック」アプリで表示したところです。

Section 058

音楽を聴く

ミュージック

本体内に転送した音楽ファイル（P.101参照）は「ミュージック」アプリで再生することができます。ここでは、「ミュージック」アプリでの再生方法を紹介します。

音楽ファイルを再生する

1 アプリ画面で［ミュージック］をタップします。初回起動時は、［許可］をタップします。

2 ホーム画面が表示されます。画面左上の☰をタップします。

3 メニューが表示されるので、ここでは［アルバム］をタップします。

4 端末に保存されている楽曲がアルバムごとに表示されます。再生したいアルバムをタップします。

5 アルバム内の楽曲が表示されます。ハイレゾ音源（P.104参照）の場合は、曲名の右に「HR」と表示されています。再生したい楽曲をタップします。

6 楽曲が再生され、画面下部にコントローラーが表示されます。サムネイル画像をタップすると、ミュージックプレイヤー画面が表示されます。

タップする

ミュージックプレーヤー画面の見かた

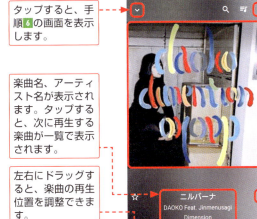

- タップすると、手順6の画面を表示します。
- 楽曲情報の表示などができます。
- 楽曲名、アーティスト名が表示されます。タップすると、次に再生する楽曲が一覧で表示されます。
- アルバムアートワークがあればジャケットが表示されます。左右にスワイプすると、次曲／前曲を再生できます。
- 左右にドラッグすると、楽曲の再生位置を調整できます。
- プレイリストに追加できます。
- 楽曲の経過時間が表示されます。
- 楽曲の全体時間が表示されます。
- 各ボタンをタップして、楽曲の再生操作を行えます。

Section **059**

ハイレゾ音源を再生する

「設定」アプリ

「ミュージック」アプリでは、ハイレゾ音源を再生することができます。また、設定により、通常の音源でもハイレゾ相当の高音質で聴くことができます。

ハイレゾ音源の再生に必要なもの

Xperia 1 VI／10 VIでは、本体上部のヘッドセット接続端子にハイレゾ対応のヘッドホンやイヤホンを接続したり、ハイレゾ対応のBluetoothヘッドホンを接続したりすることで、高音質なハイレゾ音楽を楽しむことができます。
ハイレゾ音源は、Google Play（P.108参照）でインストールできる「mora」アプリやインターネット上のハイレゾ音源販売サイトなどから購入することができます。ハイレゾ音源の音楽ファイルは、通常の音楽ファイルに比べてファイルサイズが大きいので、microSDカードを利用して保存するのがおすすめです。
音楽ファイルをmicroSDカードに移動するには、本体メモリ（内部共有ストレージ）に保存した音楽ファイルをmicroSDカードに移動するには、「設定」アプリを起動して、［ストレージ］→［音声］→［続行］の順にタップします。移動したいファイルをロングタッチして選択したら、︙→［移動］→［SDカード］→転送したいフォルダ→［ここに移動］の順にタップします。これにより、本体メモリの容量を空けることができます。
また、ハイレゾ音源ではない音楽ファイルでも、DSEE Ultimateを有効にすることで、ハイレゾ音源に近い音質（192kHz/24bit）で聴くことが可能です（P.105参照）。

「mora」の場合、Webサイトのストアでハイレゾ音源の楽曲を購入し、「mora」アプリでダウンロードを行います。

MEMO DSEE Ultimateとは

DSEEはソニー独自の音質向上技術で、音楽や動画・ゲームの音声を、ハイレゾ音質に変換して再生することができます。MP3などの音楽のデータは44.1kHzまたは48kHz/16bitで、さらに圧縮されて音質が劣化していますが、これをAI処理により補完して192kHz/24bitのデータに拡張してくれます。DSEE Ultimateではワイヤレス再生にも対応しており、LDACに対応したBluetoothヘッドホンでも効果を体感できます。

通常の音源をハイレゾ音源並の高音質で聴く

1 [設定] アプリを起動して、[音設定] → [オーディオ設定] の順にタップします。

2 [DSEE Ultimate] をタップして、を に切り替えます。

MEMO Xperia 1 VIの音設定

Xperia 1 VIでは、[設定] アプリを起動して、[音設定]→[再生音質]の順にタップし、[オーディオエフェクト] をタップして にします。[おすすめ] をタップすると、音楽再生時はDSEE Ultimate、動画再生時は立体音響を楽しめるDolby Soundが有効になります。[おすすめ] 以外にも、音楽も動画もDSEE Ultimateにする [音質重視]、音楽も動画もDolby Soundにする [立体音響]、エフェクトの組み合わせを選べる [カスタム] があります。

Section **060**

「YouTube」アプリ

YouTubeで動画を視聴する

「YouTube」アプリでは、世界中の人がYouTubeに投稿した動画を視聴したり、動画にコメントを付けたりすることができます。ここでは、キーワードで動画を検索して視聴する方法を紹介します。

1 アプリ画面で「YouTube」をタップし、「YouTube」アプリを起動して、Qをタップします。

2 検索欄にキーワードを入力し、Qをタップします。

3 検索結果が一覧で表示されます。動画を選んでタップすると、再生されます。

TIPS 視聴中にほかの動画を探す

動画再生画面を下方向にスワイプすることで、動画を視聴しながらほかの動画を探すことができます。

Googleのサービスや アプリの便利技

Chapter
4

Section 061

アプリを検索する

「Playストア」アプリ

Google Playに公開されているアプリをインストールすることで、さまざまな機能を利用することができます。Google Playは「Playストア」アプリから利用することができます。まずは、目的のアプリを探す方法を紹介します。

1 ホーム画面またはアプリ画面で［Playストア］をタップします。

2 「Playストア」アプリが起動するので、[アプリ] をタップし、[カテゴリ] をタップします。

3 アプリのカテゴリが表示されます。画面を上下にスワイプします。

4 「アプリを探す」から見たいジャンル（ここでは［音楽&オーディオ］）をタップします。

108

5 「音楽&オーディオ」のアプリが表示されます。人気の音楽&オーディオアプリの→をタップします。

6 「無料」の人気ランキングが一覧で表示されます。詳細を確認したいアプリをタップします。

7 アプリの詳細な情報が表示されます。人気のアプリでは、ユーザーレビューも読めます。

MEMO キーワードで検索する

Google Playでは、キーワードからアプリを検索できます。検索機能を利用するには、P.108手順**2**の画面で画面下部の[検索]をタップし、画面上部の検索ボックスをタップしてキーワードを入力します。

Section 062

アプリをインストール/アンインストールする

「Playストア」アプリ

Google Playで目的の無料アプリを見つけたら、インストールしてみましょう。なお、不要になったアプリは、Google Playからアンインストール(削除)できます。

アプリをインストールする

1 Google Playでアプリの詳細画面を表示し(P.109手順 6 〜 7 参照)、[インストール]をタップします。

2 [アカウント設定の完了]が表示されたら、[次へ]をタップします。

3 支払い方法を追加する場合は、選択して、[次へ]をタップします。ここでは、[スキップ]をタップします。

4 アプリのインストールが完了します。アプリを起動するには、[開く](または[プレイ])をタップするか、ホーム画面に追加されたアイコンをタップします。

MEMO 有料アプリの購入

有料アプリを購入する場合は、手順 1 の画面で価格が表示されたボタンをタップします。その後、通話料金と一緒に支払ったり、[カードを追加]をタップしてクレジットカードで支払ったり、[コードの利用]をタップしてコンビニなどで販売されている「Google Playギフトカード」で支払ったりすることができます。

アプリを更新する／アンインストールする

●アプリを更新する

1. Google Playのトップページでアカウントアイコンをタップし、表示されるメニューの［アプリとデバイスの管理］をタップします。

2. 更新可能なアプリがある場合、「アップデート利用可能」と表示され、［すべて更新］をタップするとアプリが一括で更新されます。［詳細を表示］をタップすると更新可能なアプリの一覧が表示されます。

●アプリをアンインストールする

1. 左の手順2の画面で［管理］をタップすると、インストールされているアプリ一覧が表示されるので、アンインストールしたいアプリをタップします。

2. アプリの詳細が表示されます。［アンインストール］をタップし、［アンインストール］をタップするとアンインストールされます。

MEMO アプリの自動更新の停止

初期設定ではWi-Fi接続時にアプリが自動更新されるようになっていますが、自動更新しないように設定することもできます。上記左側の手順1の画面で［設定］→［ネットワーク設定］→［アプリの自動更新］の順にタップし、［アプリを自動更新しない］→［OK］の順にタップします。

Section **063**

有料アプリを購入する

「Playストア」アプリ

Google Playで有料アプリを購入する場合、キャリアの決済サービスやクレジットカードなどの支払い方法を選べます。ここではクレジットカードを登録する方法を解説します。

1 有料アプリの詳細画面を表示し、アプリの価格が表示されたボタンをタップします。

2 支払い方法の選択画面が表示されます。ここでは［カードを追加］をタップします。

3 カード番号や有効期限などを入力します。［カードをスキャンします］をタップすると、カメラでカード情報を読み取り、入力できます。

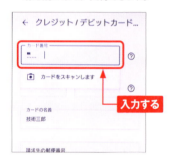

MEMO Google Play ギフトカード

コンビニなどで販売されている「Google Playギフトカード」を利用すると、プリペイド方式でアプリを購入できます。クレジットカードを登録したくないときに使うと便利です。利用するには、手順 **2** で［コードの利用］をタップするか、事前にP.111左側の手順 **1** の画面で［お支払いと定期購入］→［コードを利用］の順にタップし、カードに記載されているコードを入力して［コードを利用］をタップします。

4 名前などを入力し、[カードを保存]をタップします。

5 [1クリックで購入]をタップします。

6 認証についての画面が表示されたら、[常に要求する]もしくは[要求しない]をタップします。[OK]→[OK]の順にタップすると、アプリのダウンロード、インストールが始まります。

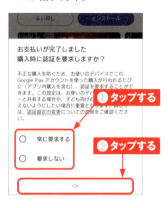

MEMO 購入したアプリを払い戻す

有料アプリは、購入してから2時間以内であれば、Google Playから返品して全額払い戻しを受けることができます。P.111右側の手順を参考に購入したアプリの詳細画面を表示し、[払い戻し]をタップして、次の画面で[払い戻しをリクエスト]をタップします。なお、払い戻しできるのは、1つのアプリにつき1回だけです。

Section **064**

「設定」アプリ

アプリのインストールや起動時の許可

アプリは、その機能を実現するために、本体のさまざまな機能を利用します。たとえば、SNS系のアプリでは、本体のカメラで写真を撮って投稿できますが、このときSNSアプリは本体のカメラを利用しています。このように、アプリが本体の機能を利用する場合、事前に権限の許可画面が表示されるようになっており、利用者が「許可」「許可しない」を選択できるようになっています。

また、アプリはさまざまな通知を送信します。これらの通知は、以前は標準で許可になっており、通知が不要と思った場合は、事後に通知をオフにする必要がありました。しかし、Android 13以降では、アプリのインストール時や、インストール済みのアプリの場合は初回起動時に利用者が通知の「許可」「許可しない」を選択できるようになりました。

これらの権限や通知の設定は、いつでもアプリごとに変更することができます（P.116～117参照）。

通知の許可画面

権限（ここではカメラの利用）の許可画面

Section 065

「設定」アプリ

アプリの権限を確認する

アプリの中には、本体の機能（位置情報、カメラ、マイクなど）にアクセスして動作するものがあります。たとえば「Google」アプリは、カレンダーや位置情報と連携して動作します。こうしたアプリの利用権限（サービスへのアクセス許可）は、アプリの初回起動時に確認されますが、後から見直して設定を変更することができます。

1 アプリ画面で［設定］をタップし、［アプリ］→［○個のアプリをすべて表示］の順にタップします。

2 権限を確認したいアプリ（ここではGoogle）をタップします。

3 ［許可］をタップします。

4 アプリ（Google）がアクセスしているサービスを確認することができます。サービス名をタップして、アプリ（Google）への［許可］と［許可しない］を変更することができます。

Section 066

サービスから権限を確認する

「設定」アプリ

「設定」アプリの権限マネージャーを利用すると、サービス側からどのアプリに権限を与えているか（アクセスを許可しているか）を確認することができます。悪意のあるアプリに権限を与えていると、位置情報、カメラ、マイクなどのサービスから、プライバシーに関わる情報が漏れる可能性があります。

1 アプリ画面で[設定]をタップし、[プライバシー] → [権限マネージャー] の順にタップします。

2 サービス（ここでは位置情報）をタップします。

3 サービスにアクセスするアプリが「常に許可」「使用中のみ許可」「許可しない」に分かれて表示されます。

4 アプリ名をタップして［アプリの使用中のみ許可］［毎回確認する］［許可しない］を変更することができます。

Section **067**

「設定」アプリ

プライバシーダッシュボードを利用する

「設定」アプリのプライバシーダッシュボードを利用すると、過去24時間にプライバシーに関わるサービスにアクセスしたアプリを調べることができます。またアプリが、カメラとマイクにアクセスしているときには、画面右上にドットインジケーターが表示されます。

1 アプリ画面で[設定]をタップし、[プライバシー]→[プライバシーダッシュボード]の順にタップします。

2 プライバシーダッシュボードで、24時間内にカメラ、マイク、位置情報にアクセスしたアプリを確認することができます。[他の権限を表示]をタップすると、24時間内にそのほかのサービスをアクセスしたアプリを確認することができます。

MEMO カメラやマイクへのアクセス

アプリがカメラやマイクにアクセスすると、画面の右上にドットインジケーターが表示されます。ステータスバーを下にスライドして通知パネルを表示し、アイコンをタップすると、カメラやマイクにアクセスしているアプリを確認することができます。
いずれかのアプリから、カメラやマイクが不正にアクセスされていると判断したときには、通知をタップするとP.115手順**4**の画面が開くので、カメラやマイクへのアクセスの許可を「許可しない」に変更します。

117

Section **068**

「Google」アプリ

Googleアシスタントを利用する

Xperia 1 VI／10 VIでは、Googleの音声アシスタントサービス「Googleアシスタント」を利用できます。ホームボタンをロングタッチするだけで起動でき、音声でさまざまな操作をすることができます。

Googleアシスタントの利用を開始する

1 ●をロングタッチするか、電源キーを長押しします。

2 Googleアシスタントの開始画面が表示されます。［開始］をタップします。

3 ［有効にする］をタップし、画面の指示に従って進めます。

4 Googleアシスタントが利用できるようになります。

TIPS 音声で起動する

「Hey Google」と発声して、Googleアシスタントを起動することができます。ホーム画面で［Google］→［Google］とタップし、右上のユーザーアイコン→［設定］の順にタップします。［音声］をタップし、［Voice Match］をタップし、［Hey Google］をタップして、画面の指示に従って有効にします。

Googleアシスタントへの問いかけ例

Googleアシスタントを利用すると、語句の検索だけでなく予定やリマインダーの設定、電話やメッセージ（SMS）の発信など、さまざまなことが、Xperia 1 VI／10 VIに話しかけるだけでできます。まずは、「何ができる?」と聞いてみましょう。

●調べ物

「東京スカイツリーの高さは?」
「ビヨンセの身長は?」

●スポーツ

「川崎フロンターレの試合はいつ?」
「セリーグの順位は?」

●経路案内

「最寄りのコンビニまでナビして」

●楽しいこと

「牛の鳴き声を教えて」
「コインを投げて」

タップして話しかける

Section 069

「Google」アプリ

Googleアシスタントでアプリを操作する

Googleアシスタントにアプリ名を発声すると、アプリを起動したり、そのアプリで行う操作の候補が表示されます。また、「ルーティン」を設定すると、ひと言で複数の操作を行うことができます。たとえば、「おはよう」と話しかけて、天気の情報、今日の予定を確認、ニュースを聞くといったことが一度にできます。

1 ホーム画面で[Google]→[Google]をタップし、右上のユーザーアイコン→[設定]→[Googleアシスタント]の順にタップします。

2 [ルーティン]をタップします。

3 初めての場合は[始める]をタップし、設定したい掛け声(ここでは[おはよう])をタップします。

4 追加したい操作を選択して[保存]をタップすると設定が完了します。なお、手順3の画面で[新規]をタップすると、新規にルーティンを作成できます。

Section 070

「Google」アプリ

新しいAIアシスタントに切り替える

Googleアシスタントの代わりに、現在試験運用中の新しいAIアシスタント「Gemini」を利用できます。Geminiに切り替えると、Googleアシスタントの一部の機能が使えなくなりますが、長い文章の要約やメールの返信の文章作成などの機能を利用できます。

1 「Google」アプリを起動し、右上のアカウントアイコンをタップして[設定]をタップします。

2 [Googleアシスタント] → [Googleのデジタルアシスタント] の順にタップします。

3 [Gemini]をタップします。確認の画面が表示されたら、[切り替える] → [切り替える]をタップします。

4 重要な情報の確認が表示されたら[Geminiを使用]をタップします。GoogleアシスタントからGeminiに切り替わります。

121

Section **071**

「Gmail」アプリ

Gmailを利用する

Xperia 1 VI ／ 10 VIにGoogleアカウントを登録すると（Sec.029参照）、「Gmail」アプリで、GoogleのメールサービスGmailが利用できるようになります。

受信したメールを閲覧する

1 ホーム画面またはアプリ画面で、[Google] フォルダをタップし、[Gmail] をタップします。

2 「Gmail」アプリの受信トレイが表示され、受信したメールの一覧が表示されます。「Gmailの新機能」画面が表示された場合は、[OK] → [GMAILに移動] の順にタップします。読みたいメールをタップします。

3 メールの内容が表示されます。←をタップすると、メイン画面に戻ります。この画面で↩をタップすると、メールに返信することができます。

MEMO Googleアカウントの同期

Gmailを使用する前に、Sec.029の方法であらかじめGoogleアカウントを設定しましょう。P.50手順11の画面で「Gmail」をオンにしておくと（標準でオン）、Gmailも自動的に同期されます。すでにGmailを使用している場合は、受信トレイの内容がそのまま表示されます。

メールを送信する

1 P.122を参考に受信トレイなどの画面を表示して、［作成］をタップします。

2 メールの「作成」画面が表示されます。［To］をタップして、メールアドレスを入力します。「連絡帳」アプリに登録された連絡先であれば、候補が表示されるので、タップすると入力できます。

3 件名とメールの内容を入力し、▷をタップすると、メールが送信されます。

MEMO メニューの表示

「Gmail」アプリの画面で、左上の≡をタップすると、メニューが表示されます。メニューでは、「受信トレイ」以外のカテゴリやラベルを表示したり、送信済みメールを表示したりできます。なお、ラベルの作成や振分け設定は、パソコンのWebブラウザで「https://mail.google.com/」にアクセスして行います。

Section 072

「Gmail」アプリ

Gmailにアカウントを追加する

「Gmail」アプリでは、登録したGoogleアカウントをそのままメールアカウントとして使用しますが、Googleアカウントのほか、Yahoo!メールなどのアカウントも、Gmailで利用できます。

1 「Gmail」アプリを開き、プロフィール（アカウントアイコン）写真またはイニシャルをタップします。

2 ［別のアカウントを追加］をタップします。

3 使用したいメールアカウントの種類（ここでは［Yahoo］）をタップします。会社メールやプロバイダーメールは、［その他］をタップします。この場合、接続情報の入力が必要になります。また、Yahoo!メールは、Yahoo!側で事前に外部アプリからの接続許可設定が必要です。

4 メールアドレスを入力し、［続ける］をタップします。

124

5 パスワードを入力して、[次へ] をタップします。

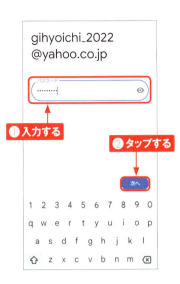

6 オンにしたいオプションを選択し、[次へ] をタップします。

7 アカウント名と名前を入力し、[次へ] をタップすると、アカウントが追加されます。

MEMO アカウントを切り替える

アカウントを切り替えてメールを読むには、P.124手順2の画面で、切り替えたいアカウントをタップします。

Section **073**

「カレンダー」アプリ

Googleカレンダーに予定を登録する

Googleカレンダーに予定を登録して、スケジュールを管理しましょう。Googleカレンダーでは、予定に通知を設定したり、複数のカレンダーを管理したり、カレンダーをほかのユーザーと共有したりすることができます。

1 ホーム画面またはアプリ画面で[Google]フォルダ→[カレンダー]の順にタップして、「カレンダー」アプリを開きます。+→[予定]の順にタップします。

2 予定の詳細を設定し、[保存]をタップします。

3 予定がカレンダーに登録されます。

MEMO 表示形式を変更する

手順**1**の画面で≡をタップすると、カレンダーの表示形式を変更できます。

Section 074

「カレンダー」アプリ

Gmailから予定を自動で取り込む

Googleカレンダーでは、Gmailのメールに記載された予定を読み取り、自動で予定を作成することができます。自動で予定を作成するには、あらかじめ機能をオンに設定しておく必要があります。

1 ホーム画面またはアプリ画面で［Google］フォルダ→［カレンダー］をタップして、「カレンダー」アプリを開き、≡をタップします。

2 ［設定］をタップします。

3 ［Gmailから予定を作成］をタップします。

4 ［Gmailからの予定を表示する］をタップして、オンにします。

Section **075**

「マップ」アプリ

マップを利用する

Googleマップを利用すれば、自分の今いる場所を表示したり、周辺のスポットを検索したりすることができます。なお、Googleマップが利用できる「マップ」アプリは、頻繁に更新が行われるので、バージョンによっては本書と表示内容が異なる場合があります。

周辺の地図を表示する

1 アプリ画面で［マップ］をタップすると、初回はこの画面が表示されます。◇をタップします。

2 「マップ」アプリが、位置情報を使用するための許可画面が表示されます。精度と使用環境を選択します。［正確］と［アプリの使用時のみ］がお勧めの設定です。

3 現在地周辺の地図が表示されます。画面をピンチ（ここではピンチアウト）します。

4 地図が拡大されます。ピンチで拡大縮小、ドラッグで表示位置の移動ができます。

周辺のスポットを表示する

1 周辺のスポットを検索するには、「マップ」アプリ上部の［ここで検索］をタップします。

2 「ここで検索」欄に、検索したい施設の種類を入力します。

3 🔍をタップします。

4 周辺の施設が表示されます。より詳しく見たい施設をタップします。

5 より詳しい情報が表示されます。

Section 076

マップで経路を調べる

「マップ」アプリ

「マップ」アプリでは、目的地までの経路を調べることができます。交通機関は徒歩、車、公共交通機関などから選択できます。複数の経路がある場合、詳細を確認して一番便利な経路を選択することができます。

1 P.129手順2の画面を表示して、目的地の名前や住所を入力します。

2 🔍をタップします。候補が表示されていれば、候補をタップすることもできます。

3 場所の情報が表示されます。[経路]をタップします。

4 交通手段を選択します。ここでは、公共交通機関をタップします。

5 経路が表示されます。複数表示された場合は、確認したい経路をタップします。

7 目的地までのルートを音声ガイダンス付きで案内してくれます。

6 経路の詳細が表示されます。[ナビ開始] をタップします。

MEMO 徒歩や車の場合

徒歩や車などの交通手段を選択しсいる場合は、[ナビ開始] をタップすると、3Dマップが表示されます。

Section 077

「マップ」アプリ

訪れた場所や移動した経路を確認する

「マップ」アプリでは、ロケーション履歴またはタイムラインをオンにすることにより、訪れた場所や移動した経路が記録されます。日付を指定して詳細な移動履歴が確認できるため、旅行や出張などの記録に重宝します。なお、同じGoogleアカウントを利用すると、パソコンからも同様に移動履歴を確認することができます。

ロケーション履歴をオンにする

1 アプリ画面で[設定]をタップし、[位置情報]をタップします。

2 「位置情報の使用」がオフの場合はタップして、オンにします。[位置情報サービス]をタップします。

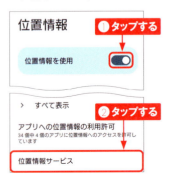

3 [タイムライン]→[タイムラインがオフ]をタップします。

4 [オンにする]→[オンにする]→[OK]をタップします。タイムラインまたは、ロケーション履歴がオンになり、訪れた場所や移動経路が記録されます。

移動履歴を表示する

1. 「マップ」アプリでプロフィール写真またはイニシャル（アカウントのアイコン）をタップします。

2. ［タイムライン］をタップします。初回は［表示］→［次へ］の順にタップします。なお、［タイムライン］は、表示されるまでに時間がかかることがあります。

3. ［今日］をタップします。

4. 履歴を確認したい日付をタップします。

5. 訪れた場所と移動した経路が表示されます。

MEMO 履歴を削除する

訪れた場所の履歴を削除するには、手順5の画面で削除したい場所の右にある︙をタップして、［削除］をタップします。その日の履歴をすべて削除するには、︙→［1日分をすべて削除］→［削除］の順にタップします。

Section **078**

「ウォレット」アプリ

ウォレットにクレカを登録する

「ウォレット」アプリはGoogleが提供する決済サービスで、Suica、nanaco、PASMO、楽天Edy、WAONが利用できます。QUICPayやiD、コンタクトレス対応のクレジットカードやプリペイドカードを登録すると、キャッシュレスで支払いができます。

1 ホーム画面またはアプリ画面で［Google］フォルダ→［ウォレット］の順にタップして起動し、［ウォレットに追加］をタップします。

2 クレジットカードを登録する場合は、［クレジットやデビットカード］をタップします。

3 クレジットカードにカメラを向けて枠に映すと、カード番号が自動で読み取られます。

4 正しく読み取りができた場合は、カード番号と有効年月が自動入力されるので、クレジットカードのセキュリティコードを入力します。

Section 079

ウォレットで支払う

「ウォレット」アプリ

「ウォレット」アプリに対応クレジットカードを登録したら、お店でキャッシュレス払いに使ってみましょう。読み取り機に端末をかざすだけで支払いが完了するため便利です。なお、QUICPayやiD、コンタクトレスクレカの決済に対応していないクレジットカードの場合でも、ネットサービスの決済であれば利用できます。

1 キャッシュレス対応の実店舗で、会計をするときに、QUICPayやiD、コンタクトレスクレカで支払うことを店員に伝えます。

2 レジの読み取り機に端末をかざすと支払いが完了します。

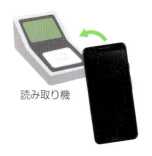

3 支払い履歴を確認するには、確認したいサービスを選択します。

4 ︓をタップし、[ご利用履歴] をタップすると、一覧で表示されます。

Section **080**

「ウォレット」アプリ

ウォレットに楽天Edyを登録する

「ウォレット」アプリに電子マネーを登録すると、クレジットカードの場合と同様に、お店でのキャッシュレス払いに使えます。楽天Edyを登録する方法を紹介しますが、Suica、nanaco、PASMO、WAONも同様の手順で登録できます。なお、電子マネーを利用するには、おサイフケータイアプリとモバイルFelicaクライアントアプリがインストールされている必要があります。

1 P.135手順1の画面で［ウォレットに追加］をタップし、［電子マネー］をタップします。

2 ［楽天Edy］をタップします。

3 ［カードを作成］をタップします。

4 プライバシーポリシーを承認すると、楽天Edyがウォレットに追加されます。

136

Section 081

「ウォレット」アプリ

ポイントカードを管理する

「ウォレット」アプリでは、各種ポイントカードを登録して利用することができます。現在対応している主なポイントカードは、dポイントカード、Pontaカード、楽天ポイントカードなどです。登録したポイントカードは、タップしてカードを表示して店頭で利用します。たとえばTカードの場合、バーコードが表示されるので、それを店頭で読み取ってもらいます。

1 P.135手順1の画面で［ウォレットに追加］をタップし、［ポイントカード］をタップします。

2 登録したいポイントカード（ここでは［Ponta］）をタップします。

3 ［アカウントにログイン］をタップします。

4 画面に従って、会員登録やログインを行います。

137

Section 082

「Files」アプリでファイルを開く

「Files」アプリ

「Files」アプリは、本体内のさまざまなファイルにアクセスすることができます。写真や動画、ダウンロードしたファイルなどのほか、Googleドライブに保存されているファイルを開くこともできます。

1 アプリ画面で[Files](または[Google]フォルダ→[Files])をタップして、「Files」アプリを起動します。[ダウンロード]をタップします。

2 開きたいファイルをタップします。

3 ファイルが開きます。

TIPS 「安全なフォルダ」を利用する

「Files」アプリから利用できる「安全なフォルダ」は、画面ロック解除の操作を行わないと保存したファイルを見ることができないフォルダです。「フォト」アプリの「ロックされたフォルダ」と同様の機能です。手順**1**の画面で[安全なフォルダ]をタップして設定します。

Section 083

「Files」アプリ

「Files」アプリからGoogleドライブにファイルを保存する

「Files」アプリでアクセスできる写真や動画は、「Googleドライブ」アプリをインストールしていれば、直接Googleドライブに保存することができます。「Dropbox」アプリや「OneDrive」アプリなどをインストールしていれば、それらにも直接保存が可能です。また、Gmailに写真や動画を添付したり、特定の相手と写真や動画を共有したりすることもできます。

1 P.138手順3の画面で、🔺をタップします。

2 ファイル名を入力し、保存先のフォルダを選択して、[保存]をタップします。

3 「ドライブ」アプリで、Googleドライブに保存したファイルを確認することができます。

MEMO 複数のファイルをまとめてドライブに保存する

P.138手順2の画面でファイルをロングタッチし、他のファイルをタップしてドライブに保存したいファイルをまとめて選択します。< → [ドライブ] の順にタップして [保存] をタップすると、選択したファイルをまとめてドライブに保存できます。

139

Section **084**

「Files」アプリ

Quick Shareでファイル共有する

端末内のファイルや写真、WebページのURLなどを近くの別の端末に送信できる「Quick Share」が利用できます。Chromeやフォトなどのアプリで開いているWebページのリンクや写真を気軽にやり取りすることができます。なお、Quick Shareを利用するには、Bluetoothをあらかじめオンにしておく必要があります。ここでは、「Files」アプリで開いているファイルを共有する方法を説明します。

Quick Shareの設定を確認する

1 「設定」アプリを起動し、[機器接続] → [接続の詳細設定] の順にタップします。

2 [Quick Share] をタップします。

3 Quick Shareの設定が確認できます。特に「共有を許可するユーザー」欄が適切な設定になっているか、確認しておきましょう。

MEMO Quick Share

Quick Shareは、すばやく安全にファイルを共有できる機能です。メールに添付するより楽に写真や動画、ドキュメントなどを送信できます。パソコンに「Quick Share」アプリをインストールすることで、パソコンにも送信することができるようになります。

140

Quick Shareを利用する

1 「Files」アプリで共有したいファイルなどを表示し、︙→［ファイルを送信］をタップします。

2 ［Quick Share］をタップします。

3 「近くのデバイスと共有」欄に、近くにあるスリープ状態ではない共有を許可するユーザーのデバイスが表示されるので、タップします。

4 「送信しました」と表示されれば、送信成功です。

5 受信側にはこのような画面が表示されるので、［承認］をタップします。ここでは写真を送信しているので、この後の画面で［開く］をタップすると、送信された写真が表示されます。

Section **085**

不要なデータを削除する

「Files」アプリ

「Files」アプリを使うと、ジャンクファイルやストレージにある不要データを、かんたんに見つけて削除することができます。不要データの候補には、「アプリの一時ファイル」、「重複ファイル」、「サイズの大きいファイル」、「過去のスクリーンショット」、「使用していないアプリ」などが表示されます。

1 「Files」アプリを開いて、検索バーの ≡ → [削除] をタップします。

2 ダッシュボードに表示された、削除するデータの候補の [ファイルを選択] をタップします。

3 削除するデータを選択する画面で、ファイルやアプリを選択して [○件のファイルをゴミ箱に移動] をタップします。

4 [○件のファイルをゴミ箱に移動] をタップすると、データが削除されます。

Section 086

Googleドライブにバックアップを取る

「設定」アプリ

本体ストレージ内のデータを自動的にGoogleドライブにバックアップするように設定することができます。バックアップできるデータは、アプリとアプリのデータ、通話履歴、連絡先、デバイスの設定、写真と動画、SMSのデータです。

1 アプリ画面で[設定]をタップし、[システム]をタップします。

2 [バックアップ]をタップします。

3 [Google Oneバックアップ]がオフの場合はタップしてオンにします。

MEMO 画像フォルダのバックアップ

撮影した写真や動画は、自動的にGoogleドライブにバックアップされます。ダウンロードした画像やスクリーンショットをバックアップする場合は、「フォト」アプリで、[ライブラリ] → (「デバイス内の写真」欄のフォルダ名)の順にタップし、[バックアップ]をオンにします。

Section 087

「ドライブ」アプリ

Googleドライブの利用状況を確認する

Googleドライブの容量と利用状況は、「ドライブ」アプリから確認することができます。Googleドライブの容量が足りなくなった場合や、もっとたくさん利用したい場合は、手順 2 の画面か「Google One」アプリから、有料の「Google One」サービスにアップグレードして容量を増やすことができます。

1 「ドライブ」アプリを開いて、≡→［ストレージ］の順にタップします。

2 現在のGoogleドライブの容量と利用状況が表示されます。

TIPS 「Google One」アプリ

Googleドライブの容量と利用状況は、「Google One」アプリからも確認することができます。「Google One」アプリを開いて、［使ってみる］→［スキップ］→［ストレージ］の順にタップします。また有料の「Google One」サービスにアップグレード後は、「Google One」アプリでサポートや特典を受けることができます。

さらに使いこなす活用技

Chapter 5

Section **088**

「おサイフケータイ」アプリ！

おサイフケータイを設定する

Xperia 1 Ⅵ／10 Ⅵはおサイフケータイ機能を搭載しています。電子マネーの楽天Edy、nanaco、WAON、QUICPayや、モバイルSuica、各種ポイントサービス、クーポンサービスに対応しています。

1 アプリ画面で、[お買いもの] フォルダ（または [ツール] フォルダ）→ [おサイフケータイ] をタップします。

2 初回起動時はアプリの案内が表示されるので、[次へ] をタップします。続けて、利用規約が表示されるので、チェックを付け、[次へ] をタップします。「初期設定完了」と表示されるので [次へ] をタップします。

3 Googleアカウントの連携についての画面が表示されたら、ここでは [次へ] → [ログインはあとで] をタップします。

4 通知やICカードの残高読み取り機能、キャンペーンの配信などについての画面が表示されたら、画面の指示に従い操作します。

5 [おすすめ]をタップすると、サービスの一覧が表示されます。ここでは、[nanaco]をタップします。

6 「おサイフケータイ」アプリは、サービス全体を管理するアプリで、個別のサービスの利用には、専用のアプリが必要になります。[アプリケーションをダウンロード]をタップします。

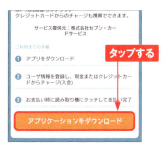

7 「nanaco」アプリの画面が表示されます。[インストール]をタップします。

8 インストールが完了したら、[開く]をタップします。

9 「nanaco」アプリの初期設定画面が表示されます。画面の指示に従って初期設定を行います。

147

Section **089**

OS・Hardware

スクリーンショットを撮る

画面をキャプチャして、画像として保存するのがスクリーンショットです。表示されている画面だけでなく、スクロールして見るような画面の下部にある範囲をキャプチャして、長い画像として保存できます。なお、キャプチャ範囲の拡大ができない場合や非対応のアプリがあります。

1 電源キーと音量キーの下を同時に押します。

2 画面がキャプチャされて、画面の左下にアイコンとして表示されます。画面をスクロールして長い画像を保存する場合は、[キャプチャ範囲を拡大]をタップします。

3 キャプチャ範囲が拡大して表示されます。ハンドルをドラッグして範囲を変更し、[保存]をタップします。

MEMO アプリの履歴から撮る

起動中のアプリの画面は、P.19手順 **2** の画面で[スクリーンショット]をタップして、キャプチャすることもできます。

148

Section **090**

QRコードを読み取る

OS・Hardware

Xperia 1 Ⅵ／10 Ⅵのカメラを使って、QRコードを読み込むことができます。ここでは、クイック設定ツールの「QRコードスキャナ」を利用してQRコードを読み取る方法を説明しますが、「カメラ」アプリで読み込むこともできます。

1 ホーム画面でステータスバーを2本指でスライドします。

2 [QRコードスキャナ] をタップします。

3 QRコードスキャナが起動します。QRコードを枠内に収めると読み取ることができます。

TIPS 「カメラ」アプリで読み取る

QRコードは「カメラ」アプリでも読み取ることができます。「カメラ」アプリを起動して写真モードにし（P.76参照）、QRコードにカメラを向け、QRコードの内容が表示されたらタップします。

Section **091**

壁紙を変更する

「設定」アプリ

ホーム画面やロック画面では、撮影した写真など端末内に保存されている画像を壁紙に設定することができます。「フォト」アプリでクラウドに保存された写真を選択することも可能です。

1 「設定」アプリを起動し、[壁紙] をタップします。

2 [壁紙とスタイル] をタップします。

3 [壁紙の変更] → [マイフォト] をタップします。

4 写真のあるフォルダをタップし、壁紙にしたい写真をタップして選択します。

5 ピンチアウト/ピンチインで拡大/縮小し、ドラッグで位置を調整します。

6 調整が完了したら、✓をタップします。

7 「壁紙の設定」画面が表示されるので、変更したい画面（ここでは［ホーム画面とロック画面］）をタップします。

8 選択した写真が壁紙として表示されます。

Section 092

サイドセンスで操作を快適にする

「設定」アプリ

Xperia 1 Ⅵ／10 Ⅵには、「サイドセンス」という機能があります。画面中央右端のサイドセンスバーを上方向にスワイプしてメニューを表示したり、スライドしてバック操作をしたりすることが可能です。

■ サイドセンスを有効にする

1 [設定] アプリを起動して、[操作と表示] をタップします。

2 [サイドセンス] をタップします。

3 [サイドセンスバーを使用する] をタップしてオンにします。

4 サイドセンスバーが表示されます。

サイドセンスを利用する

1 ホーム画面などで端にあるサイドセンスバーを上方向にスワイプします。初回は［OK］をタップします。

2 アプリランチャーメニューが表示されます。起動したいアプリ（ここでは［設定］）をタップすると起動します。

3 手順**2**の画面で下側にあるアプリをタップすると、ポップアップウィンドウでアプリを起動できます。

TIPS 分割表示で起動する

手順**2**の画面で［21:9マルチウィンドウ］をタップし、上下に表示するアプリをそれぞれタップすると、2つのアプリを分割表示（Sec.020参照）で起動できます。

153

サイドセンスの設定を変更する

1 P.153の手順**3**の画面で⚙をタップします。

2 [サイドセンス]の設定画面が表示されます。画面をスライドし、[ジェスチャーに割り当てる機能]をタップします。

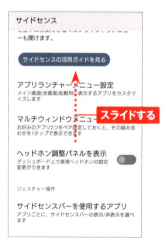

3 ジェスチャーに割り当てる機能を変更できます。

MEMO サイドセンスバーの設定を変更する

手順**2**の画面で[サイドセンスバーの詳細設定]をタップすると、サイドセンスバーの位置やサイズ、透明度を変更できます。

Section 093

ダッシュボードを利用する

「設定」アプリ

サイドセンスバーはスワイプする方向によって、異なる機能を使うことができます。上にスワイプするとアプリランチャーメニュー（Sec.092参照）、下にスワイプすると前の画面に戻る、内側にスワイプするとダッシュボードが表示されます。ダッシュボードではクイック設定パネル（Sec.017参照）が表示され、タップして機能をオン／オフできます。

1 サイドセンスバーを内側にスワイプします。

2 ダッシュボードが表示されます。クイック設定パネルで設定したいパネル（ここでは[Bluetooth]）をタップします。

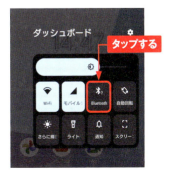

3 [Bluetooth] がオンになります。

MEMO 前の画面に戻る

サイドセンスバーを下にスワイプすると、前の画面に戻ります（◁をタップしたときと同じ操作になります）。ChromeでWebページを閲覧していて1つ前のページを表示したいときやアプリを閉じたいときなどに便利な機能です。

Section 094

ジェスチャーで操作する

OS・Hardware

Xperia 1 Ⅵ／10 Ⅵでは、画面のタッチ操作以外にキーを押したり、画面をタップしたりすることで行える特定の操作（ジェスチャー）を利用することができます。たとえば、電源キーを2度押してカメラを起動できるなどのジェスチャーが用意されています。

1 ［設定］アプリを起動し、［システム］をタップします。

2 ［ジェスチャー］をタップします。

3 ［電源ボタンオプション］をタップします。

4 ［カメラ］をタップしてオンにします。電源ボタンを2回押すと「カメラ」アプリが起動します。

Section 095

片手で操作しやすくする

「設定」アプリ

Xperia 1 Ⅵ／10 Ⅵのディスプレイは縦に長いので、片手操作では届きにくい箇所がでてきます。その場合は、画面全体を縮小して表示する片手モードに切り替えるとよいでしょう。

1 アプリ画面で［設定］→［画面設定］の順にタップし、［片手モード］をタップします。

2 ［片手モードの使用］をタップしてオンにします。

3 ホーム画面などで●をダブルタップします。

4 片手モードになり、画面が下にさがります。上部の空いている部分をタップすると、片手モードが終了します。

Section 096

画面の明るさを変更する

画面の明るさは手動で調整できます。使用する場所の明るさに合わせて変更しておくと、目が疲れにくくなります。暗い場所や、直射日光が当たる場所などで利用してみましょう。

1 ステータスバーを2本指で下方向にスライドして、クイック設定パネルを表示します。

2 上部のスライダーの◎を左右にドラッグして、画面の明るさを調節します。

MEMO 明るさの自動調整

「設定」アプリを起動して[画面設定]をタップし、[明るさの自動調節]をタップしてオフにすることで、画面の明るさの自動調節のオン／オフを切り替えることができます。オフにすると、周囲の明るさに関係なく、画面は一定の明るさになります。

Section **097**

ブルーライトをカットする

Application

Xperia 1 Ⅵ／10 Ⅵには、ブルーライトを軽減できる「ナイトライト」機能があります。就寝時や暗い場所での操作時に目の疲れを軽減できます。また、時間を指定してナイトライトを設定することも可能です。

1 「設定」アプリを起動して、[画面設定] → [ナイトライト] の順にタップします。

2 [ナイトライトを使用] をタップします。

3 ナイトライトがオンになり、画面が黄色みがかった色になります。●を左右にドラッグして色味を調整したら、[スケジュール] をタップします。

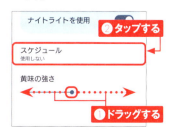

4 [指定した時刻にON] をタップします。[使用しない] をタップすると、常にナイトライトがオンのままになります。

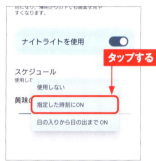

5 [開始時刻] と [終了時刻] をタップして設定すると、指定した時間の間は、ナイトライトがオンになります。

Section **098**

画面の設定を変更する

「設定」アプリ

Xperia 1 Ⅵ／10 Ⅵのディスプレイは、画質やホワイトバランスを変更できます。画質モードを変更したり、ホワイトバランスを調整したりして、自分好みの見やすい画面にしましょう。

画質モードを設定する

1 アプリ画面で［設定］→［画面設定］の順にをタップします。

2 ［画質設定］をタップします。

3 好みの画質モードをタップすると、画質が切り替わります。

MEMO クリエイターモード Xperia 1 Ⅵ

Xperia 1 Ⅵは、手順3でHDRに対応した「クリエイターモード」を選べます。ただし、対応アプリを起動すると自動でクリエイターモードに切り替わるので、スタンダードモードのままにしておけば問題ありません。

ホワイトバランスを調整する

1. P.160手順2の画面で［ホワイトバランス］をタップします。

2. 設定したいホワイトバランスをタップします。ここでは、［暖色］をタップします。なお、Xperia 1 Ⅵでは、推奨値が設定されていますが、［マニュアル設定］をタップしてオンにすると変更できます。

3. 青みの抑えられた自然な色合いに切り替わりました。

TIPS 低残像設定
Xperia 1 Ⅵ

Xperia 1 Ⅵでは、画面をよりなめらかに表示する低残像設定があります。手順1の画面で［低残像設定］をタップし、［低残像設定の使用］をタップしてオンにします。

Section 099

手に持っている間はスリープモードにならないようにする

「設定」アプリ

スリープ状態になるまでの時間が短いと、突然スリープ状態になってしまって困ることがあります。スマートバックライトを設定して、手に持っている間はスリープ状態にならないようにしましょう。

1 「設定」アプリを起動し、[画面設定]をタップします。

2 [スマートバックライト]をタップします。

3 スマートバックライトの説明を確認し、[サービスの使用]をタップします。

4 が になると設定が完了します。本体を手に持っている間は、スリープ状態にならなくなります。

Section **100**

画面消灯までの時間を変更する

「設定」アプリ

スマートバックライトを設定していても、手に持っていない場合はスリープ状態になってしまいます。スリープモードまでの時間が短いなと思ったら、設定を変更して時間を長くしておきましょう。

1 「設定」アプリを起動して、[画面設定] → [画面消灯] の順にタップします。

2 スリープモードになるまでの時間をタップします。

MEMO　画面消灯後のロック時間の変更

画面のロック方法がロックNo. /パターン/パスワードの場合、画面が消えてスリープモードになった後、ロックがかかるまでには時間差があります。この時間を変更するには、P.164手順**1**の画面を表示して、[画面のロック] の✿をタップし、[画面消灯後からロックまでの時間] をタップして、ロックがかかるまでの時間をタップします。

163

Section 101

「設定」アプリ

画面ロックを設定する

他人に使用されないように、「ロックNo.」（暗証番号）を使用して画面にロックをかけることができます。なお、ロック状態のときの通知を変更する場合はSec.108を参照してください。

画面ロックに暗証番号を設定する

1 アプリ画面で［設定］をタップし、［セキュリティ］→［画面のロック］の順にタップします。

2 ［ロックNo.］をタップします。「ロックNo.」とは画面ロックの解除に必要な暗証番号のことです。

3 テンキーで4桁以上の数字を入力し、［次へ］をタップして、次の画面でも再度同じ数字を入力し、［確認］をタップします。

4 ロック時の通知についての設定画面が表示されます。表示する内容をタップしてオンにし、［完了］をタップすると、設定完了です。

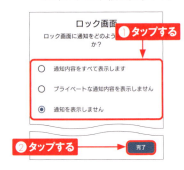

暗証番号で画面のロックを解除する

1 スリープモードの状態で、電源キー／指紋センサーを押します。

2 ロック画面が表示されます。画面を上方向にスワイプします。

3 P.164手順3で設定した暗証番号（ロックNo.）を入力し、●をタップすると、画面のロックが解除されます。

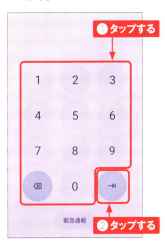

MEMO　暗証番号の変更

設定した暗証番号を変更するには、P.164手順1で［画面のロック］をタップし、現在の暗証番号を入力して●をタップします。表示される画面で［ロックNo.］をタップすると、暗証番号を再設定できます。初期状態に戻すには、［スワイプ］→［無効にする］の順にタップします。

Section **102**

指紋認証で画面ロックを解除する

「設定」アプリ

Xperia 1 Ⅵ／10 Ⅵには、電源キーに指紋センサーが搭載されています。指紋を登録することで、ロックをすばやく解除できるようになります。

指紋を登録する

1 アプリ画面で［設定］をタップし、［セキュリティ］をタップします。

2 ［指紋設定］をタップします。

3 画面ロックが設定されていない場合は「画面ロックを選択」画面が表示されるので、Sec.101を参考に設定します。画面ロックを設定している場合は入力画面が表示されるので、Sec.101で設定した方法で解除します。「指紋の設定」画面が表示されたら、上方向にスライドして内容を確認し、［同意する］をタップします。

4 「始める前に」画面が表示されたら、［次へ］をタップします。

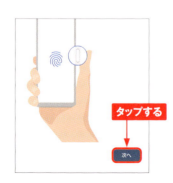

5. いずれかの指を電源キー／指紋センサーの上に置くと、指紋の登録が始まります。画面の指示に従って、指をタッチする、離すをくり返します。

6. 「指紋を追加しました」と表示されたら、[完了]をタップします。

7. 指紋が登録されます。[指紋を追加]をタップすると、別の指を登録できます。登録した指紋をタップすると名前を変更できるので、登録した指がわかるように名前を付けましょう。

8. スリープモードまたはロック画面が表示された状態で、手順5で登録した指で電源キー／指紋センサーをタッチすると、ロックが解除されます。

MEMO Google Playで指紋認証を利用するには

Google Playで指紋認証を設定すると、アプリを購入する際にパスワード入力のかわりに指紋認証を使えるようになります。「Playストア」アプリを起動して画面右上のアイコンをタップして、[設定] → [購入の確認] → [生体認証システム]の順にタップし、Googleアカウントのパスワードを入力すると、指紋認証が有効になります。

Section **103**

「設定」アプリ

信頼できる場所ではロックを解除する

「ロック解除延長」機能を使うと、自宅や職場などの信頼できる場所で、画面のロックが解除されるよう設定できるため、都度ロック解除の操作が必要なくなります。また、本体を身に付けているときや、指定したBluetooth機器が近くにあるときなどに、ロックを解除するようにも設定できます。なお、あらかじめ画面のロック（Sec.101～102参照）を設定していないと設定できません。

1 アプリ画面で［設定］をタップし、［セキュリティ］をタップします。

2 ［セキュリティの詳細設定］をタップします。

3 ［ロック解除延長］をタップし、次の画面で、設定してあるロック解除の操作を行います。

4 ここでは、場所を設定してロックを解除します。［OK］をタップして、［信頼できる場所］をタップします。

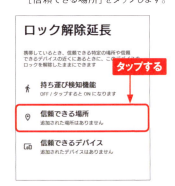

168

5 [信頼できる場所を追加] をタップします。

6 現在地が表示されます。現在地を登録するなら、[この場所を選択]→[OK] の順にタップします。地図はドラッグして場所を移動できますし、上部の「検索、アシスタントと音声」の欄をタップして、住所を入力することもできます。

7 P.168手順 4 の画面で、[持ち運び検知機能] をタップし、[持ち運び検知機能を使用する] をタップしてオンにすると、持ち運び中はロックが解除された状態になります。

8 あらかじめ別のデバイスとBluetoothでペアリングしておき（P.182参照）、P.168手順 4 の画面で、[信頼できるデバイス] をタップし、[信頼できるデバイスを追加] をタップすると、接続時はロック解除できるデバイスを設定できます。

Section 104

データ通信量が多いアプリを探す

「設定」アプリ

契約している携帯電話会社のデータプランで定められている月々のデータ通信量を上回ると通信速度に制限がかかることもあります。アプリごとのデータ通信量を調べることができるので、通信量が多いアプリを見つけて、対処をするとよいでしょう。

1 アプリ画面で［設定］をタップし、［ネットワークとインターネット］→［インターネット］をタップします。

2 利用しているネットワーク名の ⚙ をタップします。

3 ［アプリのデータ使用量］をタップします。

4 データ通信量の多い順にアプリが一覧表示され、それぞれのデータ通信量を確認できます。

Section **105**

[設定]アプリ

アプリごとに通信を制限する

アプリの中には、使用していない状態でも、バックグラウンドでデータの送受信を行うものがあります。バックグラウンドのデータ通信はアプリごとにオフにすることができるので、データ通信量が気になるアプリはオフに設定しておきましょう。ただし、バックグラウンドのデータ通信がオフになると、アプリからの通知が届かなくなるなどのデメリットもあることに注意してください。

1 P.170手順4の画面で、バックグラウンドのデータ通信をオフにしたいアプリをタップします。

2 ［バックグラウンドデータ］をタップします。

3 バックグラウンドのデータ通信がオフになります。

MEMO データセーバーを使用する

データセーバーを使用すると、複数のアプリのバックグラウンドのデータ通信を一括してオフにできます。データセーバーをオンにするには、P.170手順1の画面で［データセーバー］→［データセーバーを使用］の順にタップします。

Section **106**

「設定」アプリ

通知を設定する

アプリやシステムからの通知は、「設定」アプリで、通知のオン／オフを設定することができます。アプリによっては、通知が機能ごとに用意されています。たとえばSNSアプリには、「コメント」「いいね」「おすすめ」「最新」「リマインダーなどを受信したとき」それぞれの通知があります。これらを個別にオン／オフにすることもできます。

通知をオフにする

1 ステータスバーを下方向にスライドし、通知をロングタッチします。

2 ⚙をタップします。

3 「設定」アプリの「通知」が開き、手順**1**で選んだ通知がハイライト表示されます。

4 右側のトグルをタップすると、その通知がオフになります。

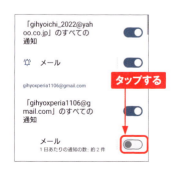

アプリごとに通知を設定する

1 [設定] アプリを起動して、[通知] をタップします。

2 [アプリの設定] をタップします。

3 アプリ名の右側のトグルをタップすると、そのアプリのすべての通知がオフ／オンにになります。[新しい順] をタップすると、通知件数の多いアプリや、通知がオフになっているアプリを表示することができます。

4 手順 3 の画面でアプリ名をタップします。アプリによって、機能ごとの通知を個別にオン／オフにすることができます。

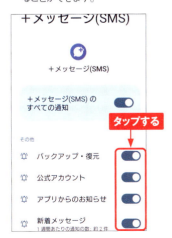

Section **107**

通知をサイレントにする

「設定」アプリ

アプリやシステムからの通知は、標準では音とバイブレーションでアラートされます。通知が多くてアラートが鬱陶しいときは、アラートをオフにしてサイレントにすることができます。届いた通知から個別に設定できるので、重要度の低い通知をサイレントにするとよいでしょう。

1 ステータスバーを下方向にスライドして、サイレントにする通知をロングタッチします。

2 [サイレント] をタップします。

3 [適用] をタップします。

4 再度手順**1**の画面を表示すると、設定した通知が「サイレント」の項目に入り、音とバイブレーションがオフになっています。

174

Section **108**

「設定」アプリ

ロック画面に通知を表示しないようにする

初期状態では、ロック画面に通知が表示されるように設定されています。目を離した隙に他人に通知をのぞき見されてしまう可能性があるため、不安がある場合はロック画面に通知が表示されないように変更しておきましょう。

1 アプリ画面で「設定」をタップし、［通知］をタップします。

2 ［ロック画面上の通知］をタップします。

3 ［通知を表示しない］をタップします。

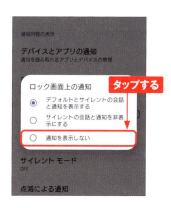

4 ロック画面に通知が表示されなくなります。

175

Section 109

スリープ状態で画面に表示する
Xperia 1 Ⅵ

「設定」アプリ

Xperia 1 Ⅵには、スリープ状態でも、日時や通知アイコンなどの情報を一定時間画面に表示する「アンビエント表示」機能があります。なお、Xperia 10 Ⅵにアンビエント表示機能はありませんが、ロック画面に表示する時計のデザインを変更することができます。

1 アプリ画面で「設定」をタップし、[画面設定] → [ロック画面] をタップします。

2 [時間と情報を常に表示] をタップしてオンにします。

3 スリープ中でも常に時計や情報が表示されます。

MEMO ロック画面の時計のデザインを変える

手順2の画面で [時計] をタップすると、ロック画面で表示される時計のデザインを変更できます。

Section 110

アプリの利用時間を確認する

「設定」アプリ

利用時間ダッシュボードを使うと、利用時間をグラフなどで詳細に確認できます。各アプリの利用時間のほか、起動した回数や受信した通知数も表示されるので、ライフスタイルの確認に役立ちます。

1 アプリ画面で「設定」をタップし、[Digital Wellbeingと保護者による使用制限]をタップします。

2 今日の各アプリの利用時間が円グラフで表示されます。[今日]をタップします。

3 直近の曜日の利用時間がグラフで表示されます。任意の曜日をタップします。

4 手順3でタップした曜日の利用時間が表示されます。画面下部には各アプリの利用時間が表示されます。

MEMO 通知数や起動回数を確認する

手順3の画面で、画面上部の[利用時間]をタップして、[受信した通知数]や[起動した回数]をタップすると、それぞれの回数をアプリごとに確認できます。

Section 111

おやすみ時間モードにする

「設定」アプリ

「おやすみ時間モード」は就寝時に利用するモードです。標準では、設定時間に通知がサイレントモードに、画面がグレースケールになります。おやすみ時間モードを一旦設定すれば、変更は「時計」アプリからも行えるほか、機能ボタンが追加され、ここからオン／オフを切り替えられます。

1 P.177手順2の画面で、[おやすみ時間モード]をタップします。初回はこの画面が表示されるので、[次へ]をタップします。

2 おやすみ時間モードがオンになる時間や曜日を設定して、[完了]をタップします。

3 次の画面で[許可しない]または[許可]をタップします。

4 [今すぐONにする]をタップすると、すぐにおやすみ時間モードがオンになります。初回以降、P.177手順2の画面で、[おやすみ時間モード]をタップすると、設定を変更できます。

Section 112

いたわり充電を設定する

「設定」アプリ

「いたわり充電」とは、Xperia 1 Ⅵ／10 Ⅵが充電の習慣を学習して電池の状態をより良い状態で保ち、電池の寿命を延ばすための機能です。設定しておくと、Xperia 1 Ⅵ／10 Ⅵを長く使うことができます。

1 アプリ画面で[設定]をタップし、[バッテリー]→[いたわり充電]の順にタップします。

2 「いたわり充電」画面が表示されます。画面上部の[いたわり充電の使用]が になっている場合はタップします。

3 いたわり充電機能がオンになります。

4 [手動]をタップすると、いたわり充電の開始時刻と満充電目標時刻を設定できます。

Section **113**

「設定」アプリ

おすそわけ充電を利用する
Xperia 1 Ⅵ

Xperia 1 Ⅵには、スマートフォン同士を重ね合わせて相手のスマートフォンを充電する「おすそわけ充電」機能があります。Qi規格のワイヤレス充電に対応した機器であれば充電可能です。なお、Xperia 10 Ⅵには、おすそわけ充電機能はありません。

1 アプリ画面で［設定］をタップし、［バッテリー］→［おすそわけ充電］の順にタップします。

2 ［おすそわけ充電の使用］をタップします。

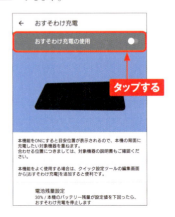

3 おすそわけ充電が有効になり、充電の目安位置が表示されます。相手の機器の充電可能位置を目安位置の背面に重ねると、充電が行われます。

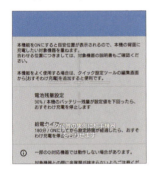

4 手順**3**の画面で［電池残量設定］をタップすると、Xperia 1 Ⅵに残しておくバッテリー残量を設定できます。この値を下回るとおすそわけ充電は停止します。

Section 114

バッテリーを長持ちさせる

「設定」アプリ

Xperia 1 Ⅵ／10 Ⅵの省電力モードの「STAMINAモード」は、特定のアプリの通信やスリープ時の動作を制限して節電します。バッテリーの残量が一定値になったら自動的にSTAMINAモードが有効になるように設定しておくとよいでしょう。

1 アプリ画面で［設定］をタップし、［バッテリー］→［STAMINAモード］の順にタップします。

2 ［STAMINAモードの使用］の をタップします。

3 STAMINAモードが有効になったら、［スケジュールの設定］→［残量に応じて自動でON］の順にタップします。

4 スライダーを左右にドラッグすると、STAMINAモードが有効になるバッテリーの残量を変更できます。

Section 115

「設定」アプリ

Bluetooth機器を利用する

Bluetooth対応のキーボード、イヤフォンなどとのペアリングは以下の手順で行います。Bluetoothは、ほかの機器との通信のほかに、Quick Shareなどで付近のスマートフォンとのデータ通信にも使用されます。

1 接続するBluetooth機器の電源をオンにし、「設定」アプリで、[機器接続]→[新しい機器とペア設定する]の順にタップします。

2 接続するBluetooth機器名をタップします。

3 [ペア設定する]をタップします。ペアリングコードを求められた場合は、入力します。

4 Bluetooth機器が接続されます。なお、接続を解除するには、機器の名前の横の✿をタップし、[接続を解除]をタップします。

MEMO NFC対応機器を接続する

NFC対応のBluetooth機器を接続する場合は、手順**1**の画面で[接続の設定]をタップし、「NFC/おサイフケータイ」がオンになっていることを確認して、背面を機器のNFCマークに近付け、画面の指示に従って接続します。

Section **116**

Wi-Fiテザリングを利用する

「設定」アプリ

Wi-Fiテザリングを利用すると、Xperia 1 Ⅵ／10 ⅥをWi-Fiアクセスポイントとして、タブレットやパソコンなどをインターネットに接続できます。なお、Wi-Fiテザリングは携帯電話会社や契約によって、申し込みが必要であったり、有料であったりするので、事前に確認しておきましょう。

1 アプリ画面で [設定] をタップし、[ネットワークとインターネット] → [テザリング] → [Wi-Fiテザリング] をタップします。

2 [Wi-Fiアクセスポイントの使用] をタップして、オンにします。なお、「ネットワーク名」「セキュリティ」「Wi-Fiテザリングのパスワード」の各項目は、タップして変更することができます。

3 確認画面が表示されたら、[OK] をタップします。Wi-Fiテザリングが利用できるようになります。「ネットワーク名」の右のQRコードアイコンをタップします。

4 アクセスポイント名やパスワード情報が記載されたQRコードが表示されます。これを他機器で読み取ることで、接続の際の入力の手間を省くことができます。

183

Section 117

紛失した本体を探す

「設定」アプリ

端末を紛失してしまっても、「設定」アプリで「デバイスを探す」機能をオンにしておくと、端末がある場所をほかのスマートフォンやパソコンからリモートで確認できます。この機能を利用するには、あらかじめ「位置情報の使用」を有効にしておきます。

「デバイスを探す」機能をオンにする

1 アプリ画面で「設定」をタップし、[Google] をタップします。

2 [デバイスを探す] をタップします。

3 [OFF] になっている場合はタップしてオンにします。

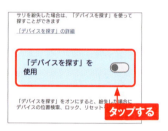

MEMO アプリを入手する

手順**3**の画面で [「デバイスを探す」アプリ] をタップすると、「デバイスを探す」アプリを入手できます。

ほかのAndroidスマートフォンから探す

1. ほかのAndroidスマートフォンで、「デバイスを探す」アプリ（P.184参照）をインストールして起動します。［ゲストとしてログイン］をタップします。なお、同じGoogleアカウントを使用している場合は［〜で続行］をタップします。

2. 紛失した端末のGoogleアカウントを入力し、［次へ］をタップします。

3. パスワードを入力し、［次へ］→［アプリの使用中のみ許可］→［同意する］の順にタップします。「2段階認証プロセス」画面が表示されたら、［別の方法を試す］をタップして、別の方法でログインします。

4. 地図が表示され、端末の現在位置が表示されます。画面下部のメニューから、音を鳴らしたり、ロックをかけたり、データを初期化したりすることもできます。

TIPS iPhoneから探す

iPhoneでは「デバイスを探す」アプリが利用できないため、P.186を参考に、パソコンと同様の手順で探します。

185

パソコンから探す

1. パソコンのWebブラウザで、GoogleアカウントのWebページ（https://myaccount.google.com）にアクセスし、紛失した端末のGoogleアカウントでログインします。

2. ［セキュリティ］をクリックし、［紛失したデバイスを探す］をクリックします。

3. 紛失したデバイスをクリックします。

4. 画面左部のメニューから、着信音を鳴らしたり、ロックをかけたり、データを初期化したりすることもできます。

Section 118

「設定」アプリ

緊急情報を登録する

「緊急連絡先」には、非常時に通報したい家族や親しい知人を登録しておきます。また、「医療に関する情報」には、血液型、アレルギー、服用薬を登録することができます。どちらの情報も、ロック解除の操作画面で[緊急通報]をタップすると、誰にでも確認してもらえるので、ユーザーがケガをしたり急病になったりしたときに役立ちます。また、緊急事態になった時や、事件事故に遭ったときには、緊急連絡先に位置情報を提供するように設定できます。

1 アプリ画面で「設定」をタップし、[緊急情報と緊急通報]をタップします。

2 [緊急連絡先]をタップします。

3 [連絡先の追加]をタップして、「連絡帳」から連絡先を選択します。

4 手順2の画面で[医療に関する情報]をタップして、必要な情報を入力します。

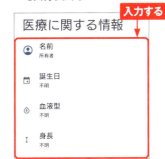

TIPS 緊急情報サービス

「緊急情報と緊急通報」からは、緊急情報の登録のほかに、次の機能の確認と設定を行うことができます。万が一の場合に備えて、ぜひとも確認しておきましょう。

- 事件に巻き込まれた時に起動すると110番通報などをまとめて行う「緊急SOS」
- 災害の通報や情報を受け取る「災害情報アラート」

187

Section **119**

本体ソフトをアップデートする

[設定]アプリ

Xperia 1 Ⅵ／10 Ⅵには、本体機能の更新やセキュリティのために都度本体ソフトウェアの更新が提供されます。OS更新を伴わないソフトウェアの更新がある場合、Wi-Fiに接続していれば、自動的にダウンロードされ、深夜に更新が実行されることもありますが、更新を手動で確認することもできます。

1 アプリ画面で［設定］をタップします。

2 ［システム］をタップします。

3 ［システムアップデート］をタップします。

4 アップデートのチェックが行われます。アップデートがある場合、画面の指示に従い、アップデートを開始します。

188

Section 120

「設定」アプリ

初期化する

Xperia 1 Ⅵ／10 Ⅵの動作が不安定なときは、初期化すると改善する場合があります。この場合、設定や写真などのデータがすべて消えるので、事前にバックアップを行っておきましょう。

1 アプリ画面で［設定］をタップし、［システム］→［リセットオプション］の順にタップします。

2 ［すべてのデータを消去（初期設定リセット）］をタップします。

3 メッセージを確認して、［すべてのデータを消去］をタップします。

4 ［すべてのデータを消去］をタップすると、初期化されます。

索引

数字・アルファベット

12キー	37
2段階認証	72
Bluetooth	182
Chrome	52
Dolby Sound	105
DSEE Ultimate	104
Files	138
Gemini	121
Gmail	122
Google Discover	64
Google Playギフトカード	112
Googleアカウント	48
Googleアシスタント	118
Googleカレンダー	126
Google検索	62
Googleドライブ	139
Googleマップ	128
Googleレンズ	66, 93
QRコード	149
Quick Share	140
QWERTY	36
STAMINAモード	181
Video Creator	88
Wi-Fi	46
Wi-Fiテザリング	183
Xperiaホーム	15
YouTube	106

あ行

アクティビティ	69
アプリアイコン	16, 30
アプリ	
〜の権限	115
〜の利用時間	177
〜を起動	18
〜を切り替え	19
〜を検索	108
〜を終了	20
アンインストール	111
アンビエント表示	11, 176

いたわり充電	179
移動履歴	133
インストール	110
ウィジェット	16, 23
ウォレット	134
絵文字	40
おサイフケータイ	146
おすそわけ充電	180
おやすみ時間モード	178
音楽	102
音量	21

か行

各部名称	10
画質	160
画像を保存	59
片手モード	157
壁紙	150
カメラ	74
画面消灯までの時間	163
画面の明るさ	158
画面ロック	164
キーアイコン	14
記号	40
機能ボタン	26
許可	114
緊急情報	187
クイック検索ボックス	16, 63
クイック設定パネル	26
クリエイティブルック	85
グループ	54
経路	130
検索履歴	65
更新	111
個人情報	60
コピー&ペースト	41

さ行

最近使用したアプリ	14
サイドセンス	152
撮影モード	82

システムアップデート	188
指紋認証	166
写真	
〜を共有	98
〜を検索	92
〜を削除	96
〜を編集	94
写真モード	75
ショートカット	31
ショート動画	88
初期化	189
信頼できる場所	168
スクリーンショット	148
ステータスバー	16, 24
スマートバックライト	162
スライド	13
スワイプ	13

た行

ダークモード	34
ダッシュボード	155
タップ	13
タブ	54
通知	25, 172
通話履歴	45
データセーバー	171
デバイスを探す	184
テレマクロ	79
電源	
〜を入れる	11
〜を切る	22
電話	42
動画	86
トグル入力	37
ドック	16
ドライブモード	84

な・は・ま行

ナイトライト	159
ニュース	64
ハイレゾ音源	104

パスワードマネージャー	61
パソコン	100
バックアップ	143
発信者情報	43
パノラマ写真	77
ピンチ	13
フォーカスモード	84
ファンクションメニュー	83
フォト	90
フォルダ	16, 31
復元	97
プライバシー診断	70
プライバシーダッシュボード	117
ブラウザ	52
フリック入力	37
プロモード	80
分割表示	32
ポイントカード	137
ホーム画面	15
ぼけ	78
ポップアップウィンドウ	33
ホワイトバランス	85
マナーモード	28
メールアカウント	124
文字種	39
戻る	14

や・ら行

有料アプリ	112
楽天Edy	136
ルーティン	120
連絡帳	44
ロケーション履歴	132
ロックダウン	22
ロングタッチ	13

お問い合わせについて

本書に関するご質問については、本書に記載されている内容に関するもののみとさせていただきます。本書の内容と関係のないご質問につきましては、一切お答えできませんので、あらかじめご了承ください。また、電話でのご質問は受け付けておりませんので、必ずFAXか書面にて下記までお送りください。
なお、ご質問の際には、必ず以下の項目を明記していただきますようお願いいたします。

1. お名前
2. 返信先の住所またはFAX番号
3. 書名
   （ゼロからはじめる　Xperia 1 Ⅵ　Xperia 10 Ⅵ　スマートガイド［共通版］）
4. 本書の該当ページ
5. ご使用のソフトウェアのバージョン
6. ご質問内容

なお、お送りいただいたご質問には、できる限り迅速にお答えできるよう努力いたしておりますが、場合によってはお答えするまでに時間がかかることがあります。また、回答の期日をご指定なさっても、ご希望にお応えできるとは限りません。あらかじめご了承くださいますよう、お願いいたします。ご質問の際に記載いただきました個人情報は、回答後速やかに破棄させていただきます。

■ お問い合わせの例

FAX

1. お名前
   技術　太郎
2. 返信先の住所またはFAX番号
   03-XXXX-XXXX
3. 書名
   ゼロからはじめる
   Xperia 1 Ⅵ／Xperia 10 Ⅵ
   スマートガイド［共通版］
4. 本書の該当ページ
   40ページ
5. ご使用のソフトウェアのバージョン
   Android 14
6. ご質問内容
   手順3の画面が表示されない

お問い合わせ先

〒162-0846
東京都新宿区市谷左内町21-13
株式会社技術評論社　書籍編集部
「ゼロからはじめる　Xperia 1 Ⅵ／Xperia 10 Ⅵ　スマートガイド［共通版］」質問係
FAX番号　03-3513-6167
URL：https://book.gihyo.jp/116/

ゼロからはじめる Xperia 1 Ⅵ／ Xperia 10 Ⅵ スマートガイド［共通版］

2024年10月11日　初版　第1刷発行

著者	技術評論社編集部
発行者	片岡　巌
発行所	株式会社 技術評論社 東京都新宿区市谷左内町21-13
電話	03-3513-6150　販売促進部 03-3513-6160　書籍編集部
装丁	菊池　祐（ライラック）
本文デザイン・DTP	リンクアップ
編集	渡邉　健多
製本／印刷	昭和情報プロセス株式会社

定価はカバーに表示してあります。

落丁・乱丁がございましたら、弊社販売促進部までお送りください。交換いたします。
本書の一部または全部を著作権法の定める範囲を超え、無断で複写、複製、転載、テープ化、ファイルに落とすことを禁じます。

© 2024 技術評論社

ISBN978-4-297-14451-7 C3055

Printed in Japan